小谷太郎

宇宙はどこまでわかっているのか

GS
幻冬舎新書
537

はじめに

この宇宙がどんな姿をしているのか、人類の認識は急激に変わっています。科学は止めどなく進展し、前世紀には不可能だったことが可能になり、かつての謎が今では解決済みです。学校で習った知識は一瞬で時代遅れです。

しかし一つの謎が解かれると、宇宙は新たな謎をいくつも現わします。今まで知らなかった宇宙の姿を前に、研究者の挑戦は続きます。

本書は、科学の先端現場から届くそうした驚きの発見や革新的なアイデアを紹介し、宇宙の知識を21世紀の常識にアップデートするものです。紹介する事例は全て最新です。

例えば２０１５年には重力波がついに検出されました。重力波は天才物理学者アインシュタインが予言した時空のさざ波ですが、極度に微弱で極端に検出が難しく、１００年もの間、誰も検出できなかったものです。

稼働を始めた重力波検出器は、ブラックホールの衝突という新しい天体現象を発見し、宇宙で金、銀、白金（プラチナ）といった重元素が合成される過程を観測し、物理学の教科書をどんどん書き換えているところです。

私たちは、重力波天文学という新しい学問分野の創始に立ち会っているのです。

この宇宙は膨張し、広がり続けています。20世紀末、その膨張速度を高精度で測定したところ、宇宙が加速膨張していることが判明しました。

これを知った研究者は驚き、また困惑しました。加速膨張は、宇宙空間がある種のエネルギーで満たされている場合に生じるからです。正体不明のエネルギー、ダークエネルギーの発見です。

夜空に輝く恒星が、はたして惑星を従えているのかどうか、しばらく前まで誰も知りませんでした。けれども現在では何千個もの惑星が見つかっていて、その数は急激に増えています。

宇宙には惑星がうじゃうじゃいたのです。もしかしたら生命発見の日も近いのでは、と期待したくなる勢いです。

怒濤（どとう）のごとく発展しているのはもちろん宇宙物理学分野だけではありません。21世紀初頭には、ヒトのDNAを全て読み取るプロジェクトが完了しました。生命の膨大な遺伝情報を記録しているDNAは、それを読み取るのにも膨大な予算と人員を必要としました。

この技術はさらに飛躍を遂げ、今では生物個体のDNAを数時間で読み取ることが可能です。これにより、生物学、医学、考古学、犯罪捜査といった広い分野で革命が現在進行中です。

科学研究は全てが成功するわけではありません。どのアプローチが成功し、どのプロジェクトが不測の事態によって失敗するかは、原理的に予測できません。

空前絶後の性能を持っていたX線天文衛星「ひとみ」は、期待を担って観測を始めた直後、事故によって失われてしまいました。ひとみの喪失は世界を悲嘆させました。

科学研究の結果が予測できないのは、それが未知の事柄を調べるものだからです。

本書で紹介する最新成果は、いずれも、それまで予測できなかったものです。だから科学は私たちを驚かし、わくわくさせるのです。

それではこれから、発見されたばかりの宇宙の姿をお届けしましょう。

宇宙はどこまでわかっているのか／目次

図版・DTP 美創

第1章
惑星探査

お隣りの恒星に惑星を発見！

天文界の有名スター「プロキシマ・ケンタウリ」

２０１６年８月25日、恒星「プロキシマ・ケンタウリ」に惑星が見つかったことが発表されました。「プロキシマｂ」と名づけられたその惑星は、液体の水が存在する地球型惑星の可能性があります。

この21世紀ではもう、よその恒星系の惑星は珍しくないのですが、今回の舞台はあのプロキシマ・ケンタウリ、天文ファンやＳＦファンにはお馴染(なじみ)の有名スター（文字どおり）です。世間（の一部）は熱狂し、お祭り騒ぎといっていいほどの盛り上がりを見せました。

さて今回の発見は、どこがそんなに衝撃的なのでしょうか。プロキシマ・ケンタウリの名は、人々のどの辺の琴線をかき鳴らすのでしょうか。

一言でいうと、私たちの生きている間に、この惑星に探査機を送って観測できる可能性があるからなのですが、以下に解説してみましょう。

月ロケットで10万年以上かかる「お隣りさん」

夜空には星がちりばめられていますが、あの星は一つひとつが私たちの太陽のような「恒星」で、光でも何十年、何百年もかかるほど遠く離れています。これは、子供のころに驚きとともに教わることです。

ここで少し「私たちの太陽」という言葉について触れておきます。宇宙には無数の恒星があり、私たちの太陽はそのうちの一つです。「太陽」は固有名詞で、宇宙にこれ1個しかありません。一方、世間では「夜空の星は1個1個が太陽」というような表現をすることがあるので、区別するために「私たちの太陽」とことわることもあります。

さて、あらゆる恒星の中で最も私たちの太陽に距離が近いのは、ケンタウルス座の「プロキシマ・ケンタウリ」です。

ただしこの星は暗くて肉眼で見えません。「最も近い」といっても、距離は4・22光年あります。つまり、この星まで旅するには、光の速さでも4年と2カ月と20日ほどかかります。月ロケットの速さだと10万年以上、飛行機なら400万年以上かかります。宇宙では、お隣りさんもこの程度の距離にあるのです。プロキシマ・ケンタウリは最も近くて、なおかつ到達を拒絶する遠方にあるのです。

プロキシマ・ケンタウリは赤色矮星（せきしょくわいせい）と呼ばれる小さな恒星です。質量は私たちの太陽のたった０・１２倍しかありません。表面温度も、私たちの太陽が５７７７Ｋ（ケルビン）なのに対し、その半分の３０５０Ｋという低さです。「低い」といっても、地球上では日常めったにお目にかかることのない高温ではありますが。

少々ややこしいのですが、プロキシマ・ケンタウリは、別の２個の恒星「ケンタウルス座アルファ星Ａ」と「ケンタウルス座アルファ星Ｂ」と一緒になって、互いの周りを巡っています。一緒といっても、プロキシマ・ケンタウリは他の２個と０・２光年ほど離れていて、周回にも50万年以上かかると見積もられています。これら３つの恒星を合わせて「ケンタウルス座アルファ星系」と呼ぶこともあります。

プロキシマ・ケンタウリは、その近くて遠い距離ゆえに、人々の好奇心と興味をかき立ててきました。ＳＦにおいてこの星は、太陽系外の宇宙に進出した人類の最初の目標、探検地として扱われてきました。

（ただしたいていのＳＦは、何世代もかけて旅する間に目的を忘れてしまう『宇宙の孤児』〈Ｒ・Ａ・ハインライン〉や、５００年かけて到着したらワープを開発した地球人に先を越されていた「はるかなりケンタウルス」〈Ａ・Ｅ・ヴァン・ヴォークト、１９７３、沼沢洽治訳『終点：大宇宙！』所収〉などのように、ろくな結果になりません。）

プロキシマ・ケンタウリはしばしばSFの舞台になりましたが、本当に惑星があるかどうかはこれまで調べる技術がなく、人々は好奇心と興味をかき立てられるだけでした。しかしとうとう今回、惑星が発見されたのです。

恒星は惑星を重力でぶん回している

よその恒星を周回する惑星は、太陽系外の惑星という意味で、「系外惑星」という名前で呼ばれます。

しかし天文学に登場する「系」は、他にも「銀河系」とか「連星系」などいろいろあります。単に「系外」だと、どの系のことを指すのか、あいまいで紛らわしいので、ここでは「よその惑星」と呼ぶことにしましょう。

そういうよその惑星と中心の恒星を合わせて「恒星系」といいます。私たちの住む恒星系は「太陽系」という特別な名前で呼ばれます。

よその惑星を探す手法はいくつかあります。ケプラー宇宙望遠鏡はトランジット法という手法で、これまで約４０００個のよその惑星（候補）を検出しています。おかげでよそ

図1 恒星プロキシマ・ケンタウリの速度の時間変化

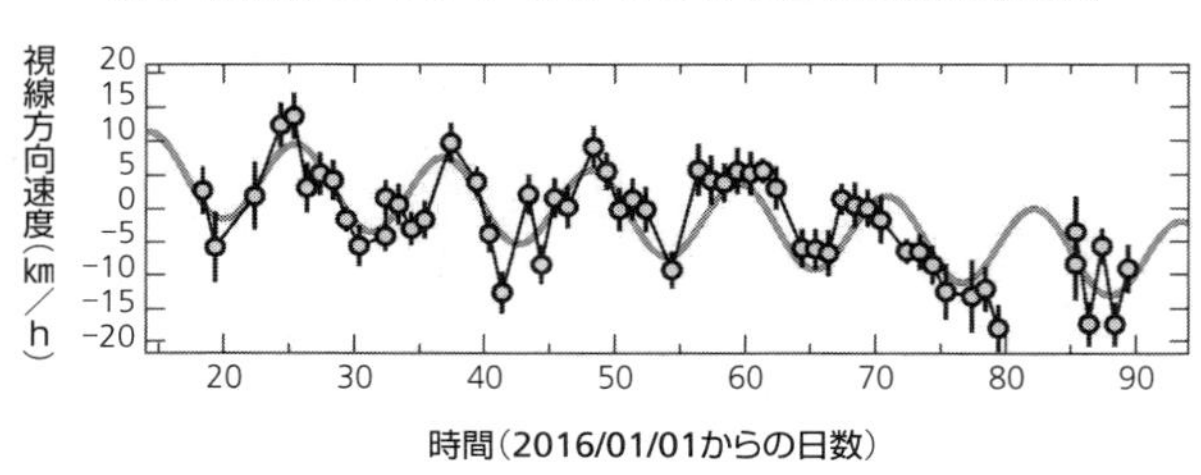

恒星が惑星によってぶん回される効果が振動となって現れている。波線はサイン関数を用いた計算値。
提供：ESO/G. Anglada-Escudé (CC 4.0. BY)

の惑星はありふれたものになりました。

今回用いられたのは、「ドップラー法」といって、惑星を持つ（かもしれない）恒星の速度を測定する方法です。

恒星を周回する惑星が存在するということは、恒星が惑星を重力で引っ張り、自分の周りにぶん回しているということです。この時、恒星自身もほんのわずかに惑星に引っ張られてぶん回されます。このほんのわずかな動きを検出することによって、惑星の存在を知るという手法です。これには恒星の速度の超精密な測定を行なう必要があります。

研究グループは、チリのラ・シヤ天文台（ヨーロッパ南天天文台所属）の口径3・6メートル望遠鏡に、恒星の速度を高精度で測定する装置「HARPS」を取りつけ、恒星プロキシマ・ケンタウリを観測しました。得られた恒星速度データから雑音を除去し、地球の自転と公転運動を補正し、太陽とプロキシマ・ケンタウリの相対運動を取り除くと、惑星によってぶん回される効果が現れたのです。新惑星プロキシマｂの発見です。

惑星プロキシマbには液体の水が存在しているかも

惑星プロキシマｂが恒星を周回する公転周期は11・2日と求められました。これはこの惑星の1年に相当します。ずいぶん1年が短い惑星です。

公転周期が分かると、軌道半径、つまり惑星プロキシマｂが恒星からどれほど離れているかも分かります。これは０・０５天文単位と判明しました。つまり、地球と太陽の距離の20分の1です。

水星と太陽の距離よりも短いので、プロキシマｂは丸焼けにならないか心配になりますが、恒星プロキシマ・ケンタウリはずいぶんと表面温度が低いのです。そうするとこの惑星は、液体の水が存在できる丁度いい温度に炙られている可能性があります。

「液体の水」とは何だか馬から落ちて落馬したような表現ですが、惑星に水という物質があっても、液体として存在できるとは限りません。気圧が低ければ蒸発して気体になってしまいます。温度が低ければ凍って固体になってしまいます。水が液体として惑星表面に存在するためには、温度と気圧をうまく調整してやらないといけません。

それには惑星が恒星から適度な距離にあって、なおかつ気圧が十分に高く、かといって温室効果が効きすぎるほどたくさん大気があってはいけない、という面倒な条件を満たす必要があります。（地球の海は実に微妙なバランスの上に成り立っているのです。）そういうわけで、惑星プロキシマｂに海や湖や川が存在するかどうかはまだ不明です。

しかし、憧れの恒星プロキシマ・ケンタウリに実際に惑星が見つかって、しかも液体の水が存在して生命が存在する可能性がわずかでもあるとなると、これは実にわくわくする発見ではありませんか。ＳＦの夢想の実現です。

10万年を21年に短縮するプロジェクト

隣の恒星系に惑星が見つかったら、それが地球型であろうとなかろうと、水が蒸発しようが凍っていようが、やはり見に行きたくなるのが人類の好奇心というものです。

月ロケットの速さで10万年以上、飛行機なら４００万年以上かかるプロキシマ・ケンタウリに、どうやれば（無人）探査機を到達させられるでしょうか。

10万年間動き続ける信頼性のあるシステムは作られたことがありません。探査機からの観測データが届くのを、10万年間待つほど人類の気が長いとも思えません。待っている間に100回ほど文明が交代して、探査機を送ったことを忘れてしまうのではないでしょうか。

実はこの発見からさかのぼること4カ月、2016年4月16日に、ケンタウルス座アルファ星系への探査プロジェクト「スターショット」が発表されました。賛同者には、「ダイソン球」の提唱者フリーマン・ダイソン教授、宇宙物理学のスティーヴン・ホーキング教授（124ページ）、フェイスブック創始者マーク・ザッカーバーグ等々の有名人が並んでいます。

主なアイデアは、数グラム程度の超軽量な探査機を製作し、これに光子帆（ライトセイル）をつけ、地上からレーザーを照射して、光の圧力で加速するというものです。

仮に光速の20パーセントまで加速すれば、プロキシマ・ケンタウリまで、10万年ではなく、たったの21年で到達します。現地から探査機が送り返す観測データは、さらに4・2年かかって地球に戻ってくるでしょう。うまくいけば、出発から25年でプロキシマbのデータが得られるというのです。25年なら、後に残された文明が存続するかどうかは、さほど心配しなくてもいいでしょう。

これはまたなんという壮大で夢のあるプロジェクトでしょうか。これまで提案されるだけで実現しなかった、火星有人探査やポスト・アポロ月探査、原子力宇宙船やダイソン球等々の、壮大で夢のあるホラ話プロジェクトのことは忘れて応援したくなります。

現段階ではほとんどアイデアのみで、研究開発のための資金を募集している段階です。今後の推移を見守りましょう。

それにしても、つい20年ほど前まで、この太陽系の外に惑星が存在しているかどうかさえ、分かっていませんでした。それが今では太陽系の他に（候補を含めて）惑星が４００0個、地球型の惑星さえ数十個見つかっています。

そして今度はあのプロキシマ・ケンタウリに惑星が発見されたというのです。スターショット・プロジェクトを用いるかどうかはともかく、これは探査に行くしかないでしょう。ひょっとしたら、私やあなたの生きているうちに、よその恒星系の惑星の光景を見ることができるかもしれません。なんともすごい時代に居合わせたものです。

土星探査機カッシーニのグランドフィナーレ

土星では超音速ジェット気流が吹いている

土星探査機「カッシーニ」は、1997年に打ち上げられ、20年にわたって稼働を続けました。

そして2017年9月15日、カッシーニは最期の任務「グランドフィナーレ」を行ないました。土星の大気に突入し、観測データを取得し、燃え尽きたのです。

ここでカッシーニの20年の成果と、明らかになった土星と衛星の姿について振り返りましょう。


土星はリングを持つことで知られる太陽系の第6惑星です。太陽からの距離は約14億キロメートルで、地球からの距離もだいたいこれくらいです。これは光の速さで約1時間20分かかる距離です。つまり、カッシーニの測定データも地球のアンテナに届くまでこれだ

図2 カッシーニの撮影した土星

このように土星の影がリングに落ちる様子は地球からでは撮影できない。
提供：NASA/JPL-Caltech/Space Science Institute

けかかります。

　土星は木星の次に巨大な惑星で、地球の764倍の体積を持ちます。しかし主成分は水素とヘリウムで、質量は地球の100倍弱しかありません。しばしば「水に浮く」と説明されます。木星と同じ「巨大ガス惑星」の仲間です。

　土星の自転周期は半日足らずです。巨大なガス体（内部は液体）がこのような高速回転をしているため、土星の気候は常に超音速でジェット気流が吹き海流が轟々（ごうごう）流れる大変な状態になっています。

　この高速の流体はいろいろ奇妙な現象を生じさせます。例えば土星の北極には、六角形の幾何学的な模様が存在します。この六角形が気流によって作られていることは確かですが、そのメカニズムはよく分かっていません。不思議なことに、南極にはこのような幾何学模様はありません。

このような謎をまとわせた巨大ガス惑星の解明へ向けて飛び立ったのが土星探査機カッシーニというわけです。

打ち上げから20年もの稼動は驚異的

土星探査機カッシーニは1997年10月15日に打ち上げられ、7年かかって土星に到達し、2004年7月1日に土星を周回する軌道に入りました。アメリカは花火を打ち上げてこの日が来たのと独立記念日を祝いました。（NASAのミッションは重要なイベントの日付を7月4日の独立記念日付近に設定することがあります。）

打ち上げ以来20年間、土星到着以来12年間、カッシーニは重大な故障もなく、せっせと観測データを撮り続け成果を挙げてきました。過酷な環境で、メンテナンスもなしに、これだけの長期間稼働し続けるのは驚異的な技術です。

概して短命な宇宙機の中には、こうした長寿命を示すものが稀にあります。2004年に火星に着陸して14年間走り回った「オポチュニティ」、運用終了まで26年以上観測を続

図3 地上試験中の土星探査機「カッシーニ」

側面の皿状の装置は「ホイヘンス・プローブ」。1997年撮影。　提供：NASA

けた磁気圏観測衛星「あけぼの」、通信途絶まで30年生きた「パイオニア10号」、打ち上げから40年、いまだに稼働中の「ボイジャー1号」と「2号」などは、何十年も元気で活躍したあっぱれなマシンです。どこかの家電メーカーも見習ってほしいものです。

人類史上最も遠くの天体に着陸

カッシーニの背には「ホイヘンス・プローブ」という装置がおぶさっていました。ホイヘンス・プローブは欧州宇宙機関（ESA）の担当する装置で、カッシーニから切り放され、「タイタン」に降下・着陸するミッションをこなしました。

タイタンは土星を周回する無数の衛星の一つです。地球の月と違って大気がありますが、窒素やメタンからなる大気なので私たちには呼吸できません。1655年、クリスチャン・ホイヘンスの手製の望遠鏡によって発見されました。ホイヘンス・プローブの名はこの天文学者にちなんでいます。

2005年1月14日、ホイヘンス・プローブはタイタンにパラシュートで降下し、着陸に成功しました。降下の一部始終は記録され、カッシーニを中継して地球に送られました。

これは他惑星の衛星への初着陸であり、現在のところ、人類の探査機による最も遠方の天体への降下です。もうめっちゃ興奮です。

土星の衛星エンケラドスの宇宙的火山

カッシーニは土星の衛星「エンケラドス」に火山を発見しました。噴出物を宇宙空間に盛大にぶちまけている宇宙的火山です。

噴出物は主に水（氷と水蒸気）です。水を噴出する火山は珍しいものではなく、地球の火山の噴出物にも水蒸気として水が含まれています。液体の水（お湯）を噴出する火山は温泉と呼ばれ、人々（特に日本人）が喜んで身を沈めます。

　しかしエンケラドスの火山の温度は0℃付近といわれています。温泉好きの日本人にも少々冷たすぎるでしょう。

　エンケラドスの内部には液体の水、つまり海があると推定されています。エンケラドスの火山（というか、噴水）はここから出ています。そして2017年4月14日、この海に水素ガスが含まれていると発表されました。

　水素ガス（と二酸化炭素）が海中にあると、これがメタンと水に変化する化学反応が起き、生命がこの反応を利用してエネルギーを得ることが可能です。地球の海底の、熱水噴出孔に群がる生物には、この反応で生命を維持しているものがあります。

　地球の生命の発祥地は、こういう反応が起きる海底の熱水噴出孔だという説があります。最初の生命は熱水の供給する化学エネルギーを食べていたという説です。

　そうすると、エンケラドスの地下の海では、水素や二酸化炭素を代謝する生命が発生し、繁栄しているかもしれません。夢が膨らみます。これは将来エンケラドスの氷に穴を掘って釣り糸を垂らしてみる価値があるでしょう。

カッシーニが発見した変な衛星の数々

カッシーニは土星を周回する衛星を次々と発見し、鮮明な写真を撮りました。細かいものも含め、土星の衛星は50個以上になりました。（中には天文学者のカッシーニが発見した衛星もあって、混乱させられます。）

土星の周囲を飛び回るそれらの天体には、どうしてこんな妙な形になったのか首をかしげてしまう、奇岩・珍石が混じっています。

見た方が早いので、次ページの写真をご覧ください。

死と引き換えに、最期のミッション

姿勢制御燃料が残り少なくなったカッシーニは、２０１７年9月15日、土星の大気圏に突入するという最期の観測任務を行ないました。

これまで土星本体やリングに接近する観測は、カッシーニの寿命を縮める危険性があるので、行なうことができませんでした。しかし燃料が残り少なくなったら、ためらう理由はありません。

図4 衛星「パン」

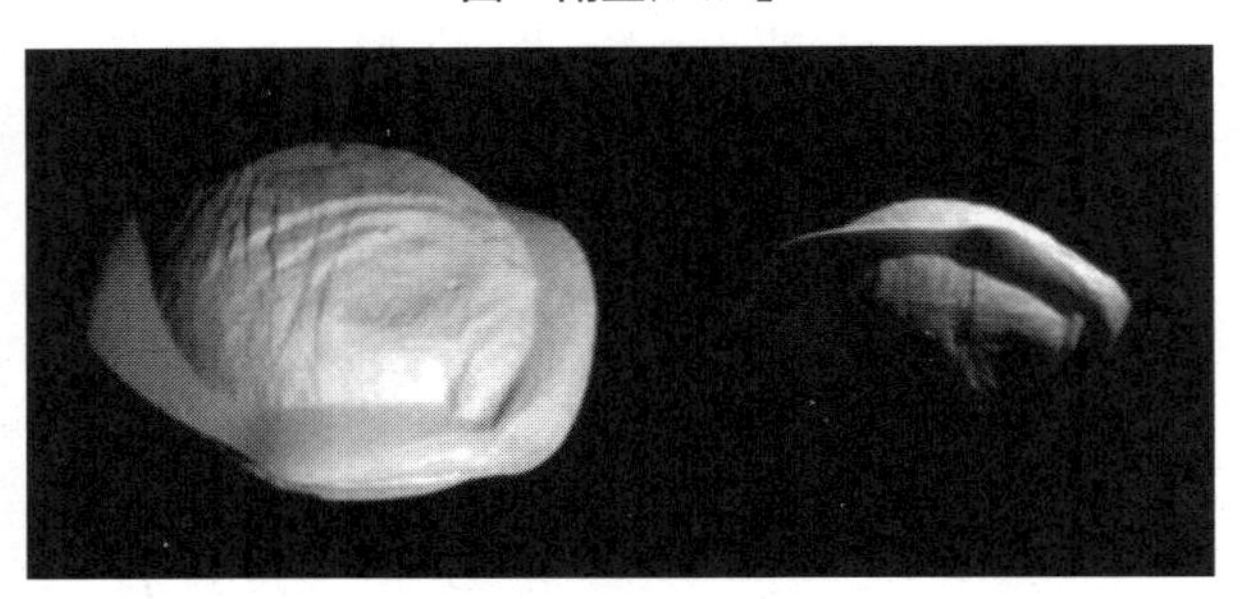

スライスチーズがはみ出したハンバーガーのよう。チーズ部分は、土星のリングの物質が衛星に降り積もったものと考えられている。「パン」はギリシア神話の牧羊神で、小麦粉を焼いた食べ物とは関係ありません。2017年3月7日、カッシーニによって撮影。

提供：NASA/JPL-Caltech/Space Science Institute

図5 衛星「ミマス」

巨大なクレーターがある。「『スター・ウォーズ』のデス・スターのようだ」とNASAのサイトに書いてある。2010年2月13日、カッシーニによって撮影。

提供：NASA/JPL/Space Science Institute

図6 衛星「ハイペリオン」

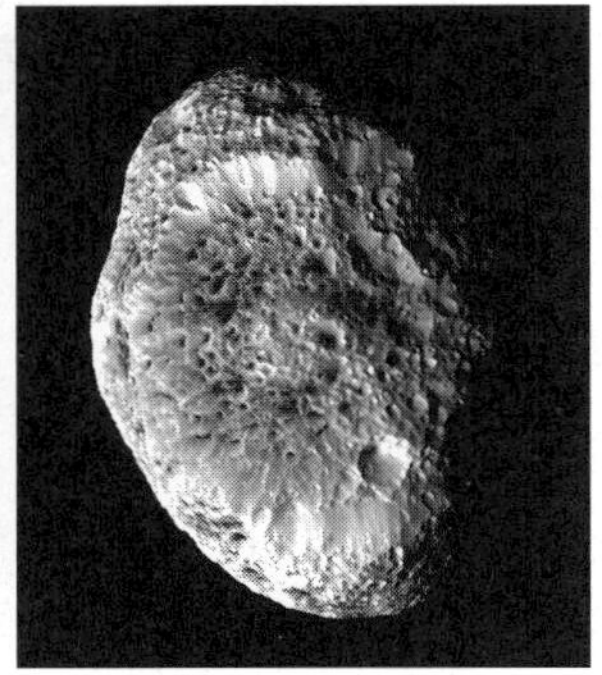

スポンジのよう。2005年9月26日、カッシーニによって撮影。

提供：NASA/JPL/Space Science Institute

ミッションをこのように終了させる理由の一つは、もしもカッシーニの燃料が尽きるに任せ、土星を周回する軌道に放置すると、将来エンケラドスやタイタンなどに衝突する可能性がゼロではないからです。そうなると、エンケラドスやタイタンに存在するかもしれない土着の生態系を、カッシーニに付着した地球由来の生命（の痕跡）が汚染するかもしれません。（もしそんな汚染があり得るなら、タイタンに着陸したホイヘンス・プローブの影響や、土星生命へのカッシーニの影響が、門外漢としては気になりますが。）

２０１７年9月15日、15億キロメートル、すなわち1時間23分離れた地球から全人類が固唾（かたず）をのんで見守る中、グランド・フィナーレ・ミッションが始まりました。土星大気の擾乱（じょうらん）によって姿勢を乱されながらカッシーニは最期の観測を行ない、データを送信しました。

やがて姿勢制御装置が限界に達し、アンテナの向きが地球の方向から外れ、この探査機の20年におよぶミッションは終了しました。

機体は土星の大気の中で流星のように燃え尽きました。

「地球外生命」発見計画

ハビタブルゾーンの惑星を探せ

宇宙に惑星がありふれた存在だと判明した21世紀、次の目標は、やはり生命の探索でしょう。どうやったらよその惑星に生命を探せるでしょうか。

異星の生命を見つけるには、「ハビタブルゾーン（habitable zone）」にある、地球のような岩石型惑星を探すのが手っ取り早い、というのが世間の見方のようです。

ハビタブルゾーンとは、「居住可能領域」などと訳されますが、恒星に近すぎもせず遠すぎもせず、惑星表面に液体の水が存在し、宇宙生命にとって住みやすい領域とされます。

地球は当然、私たちの太陽系のハビタブルゾーンにあります。そのため地球には水があり大洋があり、生命が生まれたり育ったり死んだり腐ったりしながら暮らしています。

そういうハビタブルゾーンにある岩石型惑星は、研究者によって数え方が違うのですが、2018年11月現在、30個～100個ほど挙がっていて、どんどん増加中です。

そこに生命があるかどうか、どうやって調べればいいでしょうか。

一つの実現可能な方法は、大気組成を調べることでしょう。地球の大気には酸素が約20パーセント含まれています。これは地球大気の特徴で、火星にも金星にもこれほどの酸素はありません。なぜなら地球大気の酸素は緑色植物が光合成で作ったものだからです。

異星の植物が酸素を作っているかどうか確信は持てませんが、酸素あるいは他の不自然な成分が見つかれば、植物の存在の根拠になります。今後の観測技術の進歩に期待します。あるいは、惑星表面で反射された光を分析して、植物の葉緑素に相当する物質の存在を調べることも、将来可能になるかもしれません。

期待の惑星探査ミッション「プラトー」

2017年6月20日、欧州宇宙機関(ESA)は惑星探査ミッション「プラトー(PLATO〈PLAnetary Transits and Oscillation of stars〉)」の製作を承認しました。打ち上げは2026年の予定です。

プラトーはハビタブルな岩石型惑星に焦点をあてたミッションです。そういう、生命のいる可能性のある惑星を1000個以上発見すると期待されています。

惑星探査は地上望遠鏡を用いても行なわれていますが、衛星ミッションとしては他にも、ＮＡＳＡの「ＴＥＳＳ（テス）」、ＥＳＡの「ＣＨＥＯＰＳ（ケオプス）」などが進行中・計画中です。

ＴＥＳＳ（Transiting Exoplanet Survey Satellite）は、全天を撮像して系外惑星を探査する宇宙望遠鏡です。２０１８年4月18日に打ち上げられ、現在順調に観測中です。恒星1個あたりの観測期間が短いので、公転周期の短い惑星がターゲットです。

ＣＨＥＯＰＳ（CHaracterising ExOPlanet Satellite）は、地上望遠鏡などでこれまでに検出された惑星を研究対象とする宇宙望遠鏡です。２０１９年に打ち上げが予定されています。ちなみにケオプスは古代エジプト王のギリシャ語読みで、別名クフ王です。

これらのミッションの中で、プラトーは、公転周期が1年程度、つまり地球と同程度の公転周期の惑星を探すことができるという特色があります。そういう長周期の惑星を探すため、プラトーは同じ恒星を2～3年も観測します。

惑星の公転周期が地球と同程度ということは、その惑星と主星の距離が、地球と太陽の距離と同程度ということです。つまり、ハビタブルゾーンにある惑星の探索にプラトーは特化しているのです。

火星や金星には本当に生命はいないのか？

ところで、ハビタブルゾーンの条件は厳しすぎ、視野が狭すぎではないか、という印象があります。私たちの太陽系だと、ハビタブルゾーンは、地球軌道半径の0・95〜1・15倍です。（違う数値を提案する研究者もいます。）この狭い範囲に地球は入りますが、火星も金星も除外されます。

実際、火星にも金星にも水たまりはないので、ハビタブルゾーンから除外して問題ないだろう、と思われるかもしれません。しかし火星と金星の事情を聞いてみると、除外が妥当かどうか、少々怪しくなってきます。

火星の地表は気圧が低すぎて、液体の水は存在できません。コップに液体の水を入れて火星の地面に置くと、沸騰して蒸発してしまいます。

けれども、もし火星が濃い大気を持てば、水は沸騰せず、液体として存在できます。数十億年前には、火星は濃い大気を持っていて、大洋や湖が存在したと考えられています。

金星は逆に大気が多すぎて、温室効果が強く働き、地表の温度は500℃近くあります。けれども金星の大気を減らしてやると、やはり液体の水が存在できるようになります。

つまり、恒星と惑星の距離が多少近かったり遠かったりしても、大気など他の条件がうまく調節されていれば、海や水たまりや湖が存在することは可能なのです。

そうすると、宇宙生命を探すには、ハビタブルゾーンにそれほどこだわることもないのでは、という気がしてきます。

宇宙生命はハビタブルゾーンの概念をぶち壊す

このようにハビタブルゾーンが狭く厳しくなっているのは、「地球と同じ大気にくるまれた惑星が、海を数十億年間にわたって保持すること」を条件としているためです。こう定義すると、数十億年前に大洋が蒸発してしまった火星なんかはハビタブルゾーンの外、ということになります。

けれども、このようなハビタブルゾーンの概念が発表されたのは1993年のことで、よその惑星はまだ1個も見つかっていませんでした。最初の1個が発見されたのは1995年です。

よその惑星が大量に見つかってみると、中にはずいぶん太陽系と様子が違う奇妙な惑星系も混じっています。木星サイズの巨大な惑星が細長い楕円軌道を描く惑星系や、巨大惑星が恒星すれすれを周回する惑星系もあります。

どうも惑星というものは、誕生してから軌道が縮んで主星に近づいたり、惑星同士が重力で引っ張り合った結果、惑星系から飛び出しそうに軌道が変わったり、ダイナミックに変化するようなのです。私たちの太陽系のような惑星系は、珍しいというと言いすぎかもしれませんが、典型的ではないようなのです。

ハビタブルゾーンの外でも海が存在できたり、惑星軌道が延びたり縮んだりするのでは、ますますハビタブルゾーンの概念が疑わしくなります。宇宙生命の故郷惑星は本当にハビタブルゾーンに行儀よくおさまっているのでしょうか。

思えば宇宙物理学の発展は、人類の予想をくつがえす意外な発見の連続でした。井の中の蛙のような人類が、狭い井戸を見回して大海を想像しても、常に宇宙はその貧しい発想を飛び越えて、驚きの姿を現してきました。宇宙膨張、宇宙線、クエイザー、中性子星、ダークマター、ブラックホール、そして最近はよその惑星と、宇宙的サプライズのリストは延々と続きます。

宇宙生命はもうじき見つかるのではないかと思えるほど、最近の系外惑星研究の進展は目覚ましいものがあります。しかし宇宙生命に実際に出会ってみると、それは逆説的ですが確実に、予想もしなかった姿をしていることでしょう。

地球しか合格しないようなハビタブルゾーンの概念を飛び出し、生命に必要だと信じられていた種々の条件を蹴り飛ばし、地球生命とは代謝も分子構造も元素組成も歴史も環境もまるきり違う、そういう生命で宇宙は満ちているかもしれませんよ。

発見の日が楽しみです。

月の砂漠に水があった

空に浮かぶ、白く乾いた岩の塊

２０１７年7月24日、月の地下には水が存在するという研究結果が科学誌『ネイチャー・ジオサイエンス』上で発表されました。[*1]

これまで、月は地中まで乾いていて、水はほとんど存在しないというのが定説でした。もし月に水があり、火山活動もあるなら、温泉も存在するかもしれません。早急にボーリング調査を行なうべきでしょう。

見上げれば空にぽっかり浮いているお馴染の月ですが、私たちは月について何を知っているんでしたっけ。知識をおさらいしてみましょう。

月は地球から約38万キロメートル離れたところに浮かぶ直径３５００キロメートルの岩の塊です。もし地球をメロンの大きさに縮めると、月は約４メートル離れた梅の実に相当します。

月は地球に同じ面を向けています。そのため地球からは月の表面の同じ模様が常に見えます。模様の白い部分は「陸（おか）」、黒い部分は「海」と呼ばれます。

陸の正体は白っぽい斜長岩（しゃちょうがん）質の地形、海は黒っぽい玄武岩（げんぶがん）質の地形です。斜長岩は玄武岩よりも密度が小さいので、陸の部分は海の部分よりも高く、月の表面から出っぱっています。（氷山が海から顔を出しているところを想像してください。）

逆に、海と呼ばれるところはへこんだ地形です。もしも月の表面に大量の水を流すと、海と呼ばれるへこんだ地形には水が溜まって本物の海となり、陸と呼ばれる部分は実際に陸となるでしょう。

これは地球も事情は同じで、地球の表面の（斜長岩よりも水を多く含む）花崗岩（かこうがん）質の地形は出っぱって大陸になり、玄武岩質の地形はへこんだ大洋になっています。地球から大気と海を剝ぎ取ると、ほとんど色のない白黒灰の惑星になりますが、元大陸だった部分は白っぽくて月人（？）から「陸」と呼ばれ、大洋だった部分は黒っぽい「海」と呼ばれるでしょう。

現在の月は、大気も水もない、白く乾いた世界です。表面に水がないだけでなく、地中にも水はほとんど存在しないと考えられてきました。

月で井戸が掘れる可能性が出てきた

2017年7月24日、アメリカ・ブラウン大のラルフ・ミリカン准教授とハワイ大の李帥（リーシュアイ）研究員は、月の地下にはかつて大量の水分が存在していたという研究結果を科学誌『ネイチャー・ジオサイエンス』に発表しました。[*1]

月探査機「チャンドラヤーン1号」の観測データを用いて、月表面の「火砕堆積物（かさいたいせきぶつ）」を調べたところ、そこに水の成分が含まれているのを見つけたというのです。

火砕堆積物とは、月の火山活動による噴出物で、月の地下深くから出てきた物質です。月には現在活動中の火山はありませんが、過去の火山活動の痕跡が表面にあり、かつての噴火口や噴出物を見ることができます。

火砕堆積物の成分は月の地下の成分を表わしていると考えられます。水の含有量は150ppm〜400ppm、つまり1パーセントの100分の1程度という微量です。また、水といってもほとんどは水酸化物イオン（OH^-）で、残念ながら飲んだり顔を洗ったりできるような形態ではありません。

しかし比率がわずかでも、月はなにしろ直径3500キロメートルの岩なので、含まれる水の総量は莫大なものになります。単純に掛け算すると約1京トンとなります。（地球の海水量は約100京トン。）もし全部液体の水として取り出して、月表面にぶちまけると、水の深さは平均およそ200メートルになります。

地中の水分を全部液体の水として見積もるのは乱暴だとしても、地下資源というものは、あるところに集中して存在しているなどするものです。月の地下のどこかには、氷をたたえた洞窟や、岩盤の下の水分に富む地層があって、井戸が掘れるかもしれません。井戸が隠されているとなると、星の王子さまの言うとおり、がぜん月の砂漠が美しく見えてきます。

「月の乗り物」チャンドラヤーン1号

チャンドラヤーン1号は、インド宇宙研究機関が2008年に打ち上げた月探査機で、月を周回して2009年まで観測を行ないました。「チャンドラ」は「月」、「ヤーン」は「乗り物」を意味します。

チャンドラヤーン1号は11の観測装置を搭載していました。今回用いられた近赤外分光器は、月面の岩石からの反射光を分析して、化学成分を調べるものです。例えば反射物質の中に水が含まれていると、水分子はある波長の近赤外線を吸収するため、反射光からその波長の成分が失われます。そこで水が存在することが分かるのです。

ちなみに「チャンドラ」のつく宇宙機はもう1台あります。NASAのX線天文台「チャンドラ」で、こちらは現在活躍中です。インド出身の偉大な理論天文学者スブラマニアン・チャンドラセカール（1910－1995）にちなんで命名されました。（月を名に持つ天文学者と、それにちなんだ天文台衛星とは、もう格好よすぎて目が眩みそうです。）

地球を見ながら温泉に入ることはできるか

月には、現在、火山活動がないと述べました。月の火山活動は30億年ほど前にピークを迎え、10億年ほど前に衰退したと考えられています。

しかし一方、月の火山活動は完全には死んでいないという見方もあります。地表に残る火山活動の痕跡を丹念に調べると、比較的新しい数千万年前のものが見つかるため、現在でも活力がわずかに残っているという説です。

これが本当ならば、月の地下のどこかには、まだ熱いマグマが潜んでいるかもしれません。もしも月の火山活動が観測できたら大発見です。

図7 月から見た地球

1969年のアポロ11号による月ツアー旅行で撮られた写真。　提供：NASA

そして地下に水とマグマが存在するならば、温泉だって期待できます。適切な場所に穴を掘れば、熱水が噴出するかもしれません。

宇宙産業は現在成長中ですが、そのうち特に観光業は発展が見込める分野です。大金を払ってでも宇宙に行きたいという人が大勢、ロケットの順番を待っています。

宇宙で製品を生産したり、月で資源を掘ったりするのは、可能かどうか分かりません。宇宙工場や月の採掘はコストを考えると儲からないかもしれません。しかし、月ツアー旅行は１９６９年に行なわれています。原理的に可能なのです。

月はなにしろ遠く、月面観光旅行が売り出されるのはだいぶ先と思われますが、その時にはツアーパッケージに温泉も入れるべきでしょう。月面の湯船につかって見上げれば、空にぽっかり浮いているのは地球です。視直径は月の4倍、アルベド（反射能）は4倍の地球がまばゆく輝いています。間違いなく月は太陽系一の温泉地になるでしょう。[*2]

＊1―Ralph E. Milliken, Shuai Li, 2017, Nature Geoscience, vol. 10, p561

＊2―ただし筆者が李研究員に月温泉の可能性について問い合わせたところ、今回の研究は10億年以上前の堆積物についてであり、しかも検出物質の多くは水酸化物イオンなので、温泉開発は有望とはいえないという返事でした。天然温泉100パーセントは難しいかもしれません。

孤独な人類は火星をあきらめられない

地球で生命が誕生したころ、火星にも海があった

日没後に空を見上げると、ぽちっと赤く輝いている星が見えるでしょうか。それが（ベテルギウスでもアンタレスでもミラでもなければ）「お隣り」の惑星、火星です。

２０１８年７月25日、欧州宇宙機関（ＥＳＡ）が「火星に液体の水を発見」と発表しました。火星の地下に湖が存在するというのです。そう聞くと、もしかしてそこには生命がいるかも、と期待したくなります。この発見と、火星の生命の「歴史」について解説しましょう。

私たちの太陽を周回する無数の星屑のうち、大きなもの８個を惑星と呼びます。それより小さなものは惑星と呼ばない決まりです。地球はそのうち大きな方から数えて５番目、火星は７番目の惑星です。太陽と、これら大小の星屑を合わせたものが、私たちの太陽系です。

太陽に近い方から数えると、地球は3番目の惑星で、太陽から1億5000万キロメートルほど離れたあたりをうろうろしています。4番惑星の火星は太陽から2億3000万キロメートルほど離れたところをちょろちょろしています。地球と火星はうろちょろするにつれて離れたり近づいたり、時には間に太陽や水星や金星が挟まるのですが、大雑把に「お隣り」と呼んでも宇宙は広いのでかまわないでしょう。

火星は古代から人類（のうち夜空を眺める物好きな連中）に親しまれ、それが地球と同じような一つの世界だと知られてからは、そこには生物、特に知的生物がいるのでは、と空想されてきました。（2番惑星の金星は、高温・高圧の世界だと分かってアウトになりました。）

現在の火星の地表は、気圧が低く、液体の水は存在できません。液体の水は水蒸気圧が0・006気圧以下だと蒸発してしまい、どんな温度でも存在できないのです。

しかし37億年以上前、火星には濃い大気があり、海や湖も存在したと考えられています。地球の生命が発生したころ、お隣りの惑星にも海があったのです。

このような火星像が分かってきたのは比較的最近のことです。こういう理解が得られるまで、火星のイメージはどのようなものだったか、ちょっと振り返ってみましょう。

誤訳から生まれた火星人信者たち

1877年、イタリアの天文学者ジョヴァンニ・ヴィルジニオ・スキアパレリ（1835-1910）が火星を望遠鏡で観測して地図を作成しました（図8）。

天体スケッチというものは、望遠鏡を覗き込み、大気の影響でにじんだりぼやけたりする天体像を睨み、一瞬明瞭に浮かび上がる地形を捉えてすかさず描きつけるものです。名人の天体スケッチには、素人にはとても捉えられない細かい地形が浮かび上がり、見る人を驚かせます。

スキアパレリも相当な名人だったのでしょう。その火星地図には溝や海がびっしり描かれています。

この見事な火星地図は、イタリア語からフランス語を経て英語に翻訳される過程で、ドラマティックな誤訳が加えられて「完成」します。

独創的な訳者が「溝（カナーリ）」を「運河（キャナル）」と訳したのです。

こうして英語圏、特にアメリカでは、火星には高度な知性を持つ火星人がいて、惑星規模の土木工事を行なっているという解釈が広まります。

アメリカの天文学者パーシヴァル・ローウェル（1855-1916）は、火星人の存

図8 火星地図

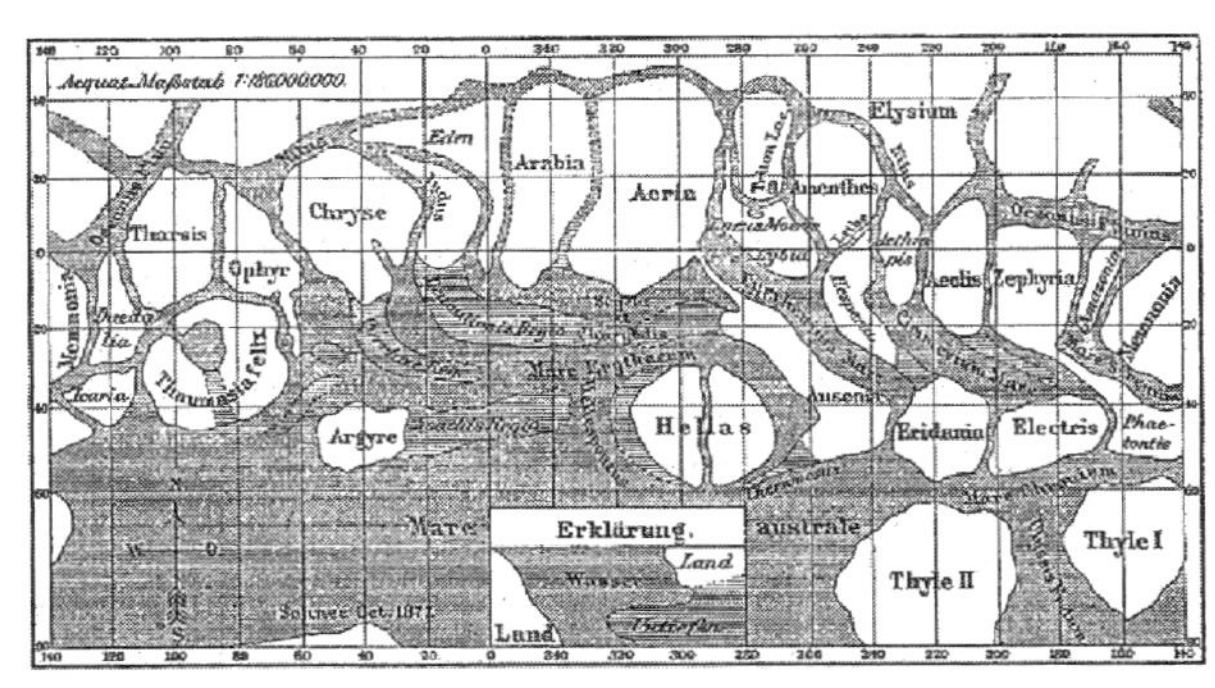

スキアパレリが1877年に作成した火星地図。溝や海が描かれている。

在を信じ込んだ火星人信者の一人です。ローウェルは資産家で、私設の天文台を持っていました。それも、手製の観測ドームを裏庭に設置したような規模ではなく、研究者の働く研究機関としての天文台です。

ローウェル天文台の研究者は、ローウェルの指導のもとで火星を観察しました。彼らのスケッチには、季節によって変わる植生や人工的な地形など、次々と火星人の証拠が描き出されました。そうした報告は学術雑誌に投稿されました。

実際には火星の表面にはそんな地形はありません。当時のローウェル天文台は、何だか奇妙な空気に支配されていたようです。人間はいったん何かを信じ込むと、観察結果を信念に合致するように歪めてしまうことがあるのです。あるいは単に、ローウェルの意向に合わせて嘘をついた研究者もいたかもしれません。

火星の運河というフィクションは、人々の火星熱の原因となったのか、それとも結果だったのか、その辺は定かではありませんが、ともあれ火星はますます人々の興味をかき立て、火星人や火星の生命との邂逅を巡って多くの物語が創作され、その実在を信じる人もたくさんいたのです。

着陸による熱狂、そして失望

時代は飛んで、１９７６年はアメリカ独立２００周年でした。ＮＡＳＡは火星探査機バイキング１号と２号の成功をもって、この日が来たのを祝いました。１号の着陸機が火星に着陸したのは１９７６年７月20日で、７月４日をちょっと外しました。

バイキング１号と２号の送ってきた火星の風景写真は人々を興奮させましたが、そこに生命の影はありませんでした。火星は美しいけれども不毛な砂漠でした。着陸機は火星の土壌を調べ、微生物を探しましたが、見つけることはできませんでした。

バイキング計画の大成功の後、一時期アメリカの火星探査は低調になります。１９８０年代に火星探査機は１機も打ち上げられませんでした。１９９２年に打ち上げられたマー

図9 バイキング2号の撮影した火星の風景

提供：NASA/JPL

ズ・オブザーバーは、火星到着直前で通信途絶し、失われました。

もう一つの宇宙開発大国ソビエト連邦は、1960年代から何度も火星探査を行なっていますが、着陸ミッションは失敗続きで、一度も成功しませんでした。ソ連は1991年に崩壊し、火星探査どころではなくなります。

火星への道のりは遠く険しく、宇宙は人類の送り込む探査機を隙あらば叩き落とします。火星探査は過酷で成功率が低いミッションなのです。

火星隕石によりブーム再燃

マーズ・オブザーバーの失敗以来ちょっ

図10 火星由来の隕石「ALH84001」

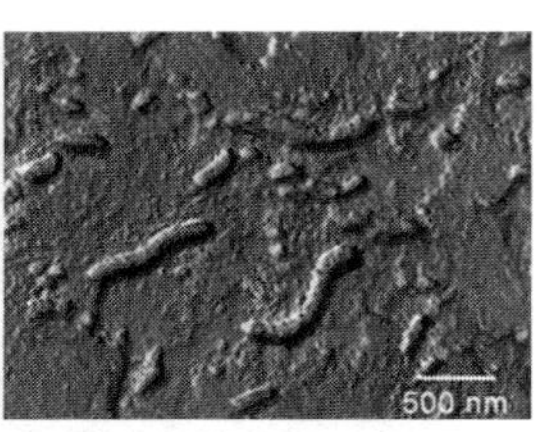

1996年、火星由来の隕石「ALH84001」(写真左)に、微生物が作ったような構造が発見された(写真右)。(ただし、この構造は生命とは関係ないと現在では考えられている。)

提供:NASA

と元気のない火星探査業界に、一気に活を入れるような発見が1996年にもたらされます。

火星から来たと推定される隕石「ALH84001」を子細に調べたところ、微生物が作ったと解釈できる構造が見つかったというのです。本当なら大発見です。

メディアは喜んでこのニュースを報じ、世界中が沸き立ちました。アメリカでは火星探査ブームが起きました。マーズ・グローバル・サーベイヤーが打ち上げられ、1997年から火星を周回して写真を撮りまくりました。一部で有名な「火星の人面岩」はこの探査機の「成果」です。

それから現在までにアメリカはさらに3機の探査機を火星周回軌道に乗せ、6台の着陸機を着陸させ、そのうちキュリオシティとインサイトは現在も火星表面を走り回ったりほじくり返したりしています。欧州宇宙機関もマーズ・エクスプレスとエクソマーズを、インドはマーズ・オービター・ミッションを火星周回軌道に送り込み、いずれも運用中です。似たような名前ばかりで混乱しそうです。

しかし残念ながら、ロシアの2回の打ち上げと、日本の「のぞみ」は失敗に終わっています。またこの間、アメリカも何機もの火星探査機を失敗させています。前述のとおり、火星探査は失敗率の高い過酷なミッションなのです。

その後の研究によると、残念ながらALH84001に見つかった微細構造は、微生物とは関係なく、何らかの自然現象によって形成されたものと考えられています。火星の生命発見は虚報だったのです。

しかし、この隕石に始まった火星探査ブームはすっかり定着しました。

そして今度は地底湖発見

欧州宇宙機関のマーズ・エクスプレスは2003年に火星に到着し、以来、衛星軌道を周回しながら現在も観測中です。これに搭載されたMARSISは、レーダーで火星の地下を探る装置です。レーダーとは、電波を対象に浴びせ、反射してきた電波を測定することによって、対象の情報を得る装置です。

２０１８年7月25日、ＭＡＲＳＩＳチームが、火星の地下に液体の水を発見したと発表しました。（ようやくこの項の本題です。）ＭＡＲＳＩＳのデータを解析したところ、火星の南極地方で、地下からレーダー波の強い反射を見つけたというのです。そういう強い反射は液体の水面によるものと考えられます。

測定によると、この水の層は地下１・５キロメートルにあり、大きさが20キロメートル程度、厚みが1メートル以下というものです。マイナス70℃程度の低温なのに凍らないということは、塩分が濃く、飽和水溶液に近いのかもしれません。この結果は『サイエンス』誌に掲載されました。[*1]

前述のとおり、約37億年前、地球で生命が誕生したころ、火星には海があったと考えられています。ならば火星でも同時に生命が発生してもおかしくありません。

その後、火星は大気を失い、海は干上がりました。現在の火星の大気は地球の０・７５パーセント、つまり０・０1気圧以下になり、その中に水は含まれません。

しかし、37億年前の火星の海でもしも生命が発生していたならば、その後、地下に逃げ込んで大気と水の減少を生き延び、現在の地底湖で細々と暮らしているとは考えられないでしょうか。マーズ・エクスプレスの見つけた地底湖には、火星魚か火星プランクトンが泳いでいるのかもしれません。

ただし、火星の南極を探査しているのはマーズ・エクスプレスだけではありません。アメリカのマーズ・リコネッサンス・オービターに搭載されたSHARADは、やはりレーダー波を測定する装置です。SHARADのチームは、同じ区域を探査していますが、そこに水の証拠は見つかっていないと答えています。地底湖の存在はまだ確定とはいえないようです。

火星はこれまで何世紀にもわたって、「生命がいそう」と思わせる発見を小出しにして、人類の気を引いてきました。その中には、間違いや単なる思い込みもあったのですが、何度空振りに終わっても、孤独な人類は火星に期待することをやめられません。人類は火星を愛しているのです。

＊1―R. Orosei, S. E. Lauro, E. Pettinelli, 2018, Science, Vol. 361, Issue 6401, p490

小惑星イトカワの塵が伝える太陽系の歴史

初代「はやぶさ」の成功で始動した「はやぶさ2」

２０１９年1月、探査機「はやぶさ２」が小惑星「リュウグウ」にタッチダウン（着地）を予定しています。得られた試料と成果を携えて、はやぶさ２は２０２０年に地球に帰還の見込みです。これは大変難易度の高いアクロバティックなミッションで、世界がドキドキしながら成否を見守っています。

はやぶさ2は、先輩ミッション「はやぶさ」の成功を受けて打ち上げられました。初代はやぶさは小惑星「イトカワ」の試料を２０１０年に持ち帰ったのでした。

２０１８年8月7日、大阪大学の寺田健太郎教授、東京大学大気海洋研究所の佐野有司教授、高畑直人助教らの研究チームは、イトカワ試料の分析結果を『サイエンティフィック・レポーツ』誌に発表しました[*1]。

初代はやぶさの持ち帰った試料は微細な鉱物の粒です。塵（ちり）か埃（ほこり）のような微粒子です。その塵粒子に、超高感度の元素組成分析、同位体比分析を施すことにより、イトカワが過去46億年間にたどった履歴が明らかになったのです。

８年間におよぶ分析で明らかになったイトカワと太陽系の歴史を紹介しましょう。

ボロボロになって任務を遂行

初代はやぶさは、２００３年5月9日（日本時間、以下同じ）に打ち上げられ、２００5年11月20日と26日の２回、小惑星イトカワに着地を行ないました。（以下、混乱を避けるため、初代「はやぶさ」を「はやぶさ1号」と呼んで区別します。）

着地中に、イトカワの地表に向けて弾丸を発射し、岩石の破片を採取するはずでしたが、弾丸は予定どおりには発射されませんでした。そのため、試料容器に岩石の破片が入っている見込みはほとんどなかったのですが、運がよければ、微量の塵か埃が紛れ込んでいるかもしれないと期待されました。

メンテナンスも補給もなしに2年間の行程と探査をこなしたはやぶさ1号の機体はボロボロでした。燃料は漏れ、４台のイオンエンジンのうち２台（最終的には３台）が故障し、姿勢制御用のリアクションホイールは３基中２基が停止していました。

図11 はやぶさの帰還

提供：国立天文台はやぶさ観測隊／撮影：大川拓也

はやぶさ1号は一時の通信途絶から回復すると、残った冗長系をやりくりし、容器を抱えてよろよろと帰路を取りました。およそ3億キロメートルの真空を隔てた地球から、関係者がはらはらしながら見守り、宇宙ファンが声援を送りました。

打ち上げから7年以上過ぎた2010年6月13日、はやぶさ1号は地球に到達しました。オーストラリア上空に試料容器を投下すると、全ての任務を終えた機体は大気に突入して燃え尽きました。その最後の姿はまばゆい流星として見えました。大川拓也さんの撮影した、はやぶさ1号の最期の姿を示します。（入念な準備と計算の必要な写真です。）

回収された容器には、はたしてイトカワ起

源の物質が確認されました。数マイクロメートル〜数十マイクロメートルの塵粒子が1500粒以上見つかったのです。

こうして超絶難易度のサンプル・リターン・ミッションは成功し、小惑星イトカワからの試料が地球にもたらされました。人類は、月、ヴィルト第2彗星（81P/Wild）に続く3番目の異星からの試料を手にしました。

ちなみに帰還の翌日、ニュースメディアはほとんどがワールドカップの話題で持ち切りで、はやぶさ1号は小さな扱いだったのを覚えています。おそらくメディア編集部はこの宇宙機の重要性をよく理解できず、一部のマニアにしか受けない話題だと判断したのでしょう。

その後、はやぶさファンの活動の盛り上がりが話題となると、メディアもこれを追いました。はやぶさ1号の活躍は人々の心を揺さぶり、本やTV番組や劇場用映画（4本！）が作られ、今や誰もがはやぶさの名を知るまでになりました。（旧メディアがSNSの話題を追いかける存在になり、SNSの優位性が明らかになったのはこのころだった気がします。）

塵1500粒を世界中で分析

イトカワの1500粒以上の塵粒子は、番号をふられてカタログ化され、一部はAO(Announcement of Opportunity)方式で世界の研究者に配布されました。

AO方式とは、実験試料や実験装置などのリソースの管理者が研究計画(プロポーザル)を公募し、試料や装置を使いたい研究者は自分の研究計画をもってこれに応募し、その中から使用者が選ばれるというリソース割り当て方式です。大型望遠鏡や天文衛星、粒子加速器の使用時間などはこの方式で選ばれることが多いです。

余談ですが、選ばれたプロポーザルは「当たった」とか「通った」と言われ、選ばれなかったら「外れた」「落ちた」と言われます。外れた研究計画は実行できないので、そのまま葬られるか、あるいは提案者は計画を練り直して次回挑戦するなど別の戦略を考えることになります。学位論文のかかったプロポーザルが落ちると人生設計が変わることもあり得ます。

こうして世界に分配されたイトカワの塵粒子に、待ち構えていた研究者がありとあらゆる分析機器と分析手法を用いて襲いかかりました。透過型電子顕微鏡(TEM)や走査型電子顕微鏡(SEM)、ラマン分光に近赤外ラマン分光、質量分析、シンクロトロンX線回折、中性子励起ガンマ線分光……。宇宙から来たちっぽけな塵粒子から、構造、化学組成、鉱物組成、同位体比などなどのデータが搾り取られました。

3粒の塵からイトカワの歴史がわかる

２０１８年８月７日、寺田健太郎教授らの研究チームがイトカワ試料の分析結果を発表しました。

（寺田教授は、２０１７年には月探査機「かぐや」のデータに基づいて、地球の酸素原子が月に届いているという研究結果を発表しています。筆者と同じくＸ線天文学グループの出身で、酒を呑むと面白い話を始める人物です。）

この分析手法では、塵粒子に「酸素イオンビーム」で、直径１マイクロメートル～２マイクロメートル、深さ１マイクロメートル～２マイクロメートルの穴をうがちます。穴を開けると内部の物質が飛び散りますが、その原子を数えます。一般的には「ＳＩＭＳ（２次イオン質量分析計）」と呼ばれる装置です。

寺田教授らのチームは３粒の塵粒子（サイズ34マイクロメートル～１９２マイクロメートル）にこの分析を行ない、ウランと鉛の原子核の存在比（同位体比）を測定することに成功しました。
（ちなみに、この研究で使用された塵粒子はRA-QD02-0056、RA-QD02-0031、RB-QD04-0025という名前で、そのデータは、はやぶさ1号が採取した他の塵粒子とともにhttps://darts.isas.jaxa.jp/pub/curation/hayabusa/から自由に見られます。）

ウランの原子核は不安定です。時間が経つと「壊変（かいへん）」して別の原子核に変わり、最終的に鉛の安定な原子核になります。壊変は時計のように精確に進行する現象なので、ウランと鉛の原子核の存在比を測定すると、この試料が何億年前に作られたのか、時計を読むように分かります。

そして都合のよいことに、壊変は原子の中心部に秘められた原子核の変化なので、途中でウラン原子や鉛原子が乱暴に扱われても影響されません。つまりイトカワの形が変わるほど衝撃を受けたり、数百度に熱せられたり、化学変化したりしても、数十億年前にセットされた時計を読み取ることができるのです。

この解析の結果、イトカワを構成する物質は（４・６４±０・１８）×10^9年前（誤差は標準偏差、以下同じ）、つまり46億年前に作られたと推定されました。そして（１・５１±０・８５）×10^9年前、つまり15億年前には、一度高温に熱せられたと思われます。おそらく天体の衝突事故があったのでしょう。これは先行する他の研究とも矛盾しない結果です。

小惑星イトカワと太陽系の46億年

この結果と他の研究グループの結果を合わせると、イトカワと太陽系の経てきた46億年の歴史が浮かび上がってきます。

はやぶさ1号によってイトカワから地球に運ばれた物質は、元は別の天体の内部にあったと推定されます。冷却時間から考えて、この天体は直径20キロメートルはあったようです。46億年前の太陽系形成時、どの天体もできたばかりで高温だったころ、イトカワの母天体と呼ぶべきこの天体は火星と木星の間の小惑星帯に誕生したのでしょう。

15億年前（他の研究結果も考慮するなら14億年前）、イトカワの母天体は別の天体と衝突し、衝撃で熱せられ、ばらばらに壊れたと考えられます。その破片がいくつか合体して、小惑星イトカワを作りました。イトカワのピーナッツのような形状は、破片の合体によって説明できます。

現在、イトカワは小惑星帯から外れ、地球や火星の近くを通る軌道を巡っています。こ

図12 小惑星イトカワ

小惑星イトカワは15億年前に破片が合体して誕生した。

提供：JAXA

のような軌道を巡る天体は、100万年〜1000万年というような時間が経つと、地球や火星に衝突すると予想されます。あるいは逆に、天然のスウィングバイ航法によって遠くに弾き飛ばされる可能性もあります。イトカワやリュウグウのような、地球に接近する軌道を巡る小天体の寿命は短いのです。

月などのクレーターを見ると、イトカワやリュウグウのような小天体は、過去に何度も衝突事故を起こしてきたことが分かります。約6500万年前、地球に起きた特に大きな衝突事故は、恐竜を含む多くの生物種を絶滅させました。

イトカワの歴史からは、太陽系の熱い創成期、盛んに小天体同士が衝突した激変期、大絶滅を引き起こしてきた隕石衝突などの歴史的事件が浮かび上がってきます。

想定を超える苦労をしてはやぶさ1号が持ち帰ったのは、吹けば飛ぶような塵粒子だったわけですが、それを丹念に解析し、データを搾り取ると、太陽系の歴史が見えてくるのです。

*1―K. Terada, Y. Sano, N. Takahata, et al., 2018, Scientific Reports, vol. 8, 11806

第2章 宇宙はどんな姿なのか

ブラックホールはいずれ、全ての星を飲み込む

私たちの銀河の真ん中には超巨大ブラックホールが

私たちの住む天の川銀河の中心には、太陽質量の約４００万倍の超巨大ブラックホールが存在します。

私たちに最も近いこの超巨大ブラックホールについて、最新の結果を踏まえて紹介しましょう。

銀河とは、恒星が何百億、何千億も集まった群れです。恒星とは私たちの太陽のような巨大な星なので、それが何百億も集まってできている銀河は、想像するのも難しい巨大な「物体」です。そういう銀河が宇宙には無数に浮いているのです。

そういう銀河を観測してみると、中心部が異常に輝いているものが見つかります。銀河に属する恒星のエネルギーを全部合わせたくらいのエネルギーが、中心の一点から放射されているのです。そういう、「クエイザー」とか「活動銀河核」などと呼ばれるモノの正

図13 ハッブル宇宙望遠鏡による銀河NGC1433の写真

この明るい中心部には巨大ブラックホールがいるようだ。

提供：ESA/Hubble & NASA
作製：D. Calzetti (UMass)、LEGUS Team

体はいったい何でしょう。普通の天体現象では説明できません。

研究者は、そういう銀河の中心部には巨大なブラックホールがあるのだろうと推測しました。ブラックホールにガスなどが落下する際、ガスが超高温に熱せられて明るく輝くというシナリオです。

ブラックホールは、重力が強すぎて光さえも脱出できない異常な天体です。あまりに異常で常識外れな存在なので、そんな代物が実在するとは信じられないという人も大勢いました。しかし、巨大ブラックホール以外に、銀河の中心部を強く輝かせるモノは思いつかないので、当初は否定していた人も渋々その存在を受け入れていきました。

我々は天の川銀河の郊外住まい

さて、宇宙に浮かぶ無数の銀河の中には、巨大ブラックホールを有するものがあるようですが、それでは私たちの住んでいる天の川銀河はどうでしょう。

天の川銀河は、私たちの太陽が所属する銀河で、１０００億個もの恒星が集まった結構立派な銀河です。私たちは天の川銀河の中に住んでいるのです。

私たちのいるところは、中心部から2万５６００光年ほど離れているので、中心部の方角を眺めると、明るい星の集団「天の川」が見えます（図14）。郊外から繁華街を眺めるようなものです。

さて、この天の川銀河の中心にも、そういう巨大ブラックホールが1匹いるのでしょうか。

天の川銀河の中心部、いて座の方角のA*（エースター）と名づけられた箇所ですが、そこに、もし巨大ブラックホールがいるとしても、現在（正確には2万５６００年前）、ガスを飲み込んで光ってはいないようです。

図14 銀河系中心(GC)を含む天の川の星景写真

バツ印のところに巨大ブラックホールがいる?

撮影:大西浩次 (2016/06/11)

それ以上のことは、天の川銀河中心のような遠方を観測する高性能の望遠鏡がないので、長いこと不明でした。巨大望遠鏡と補償光学技術が進歩するまでは。

大阪の新聞の見出しが東京で読める

ハワイ島マウナケア山頂は、世界の研究機関の天文台が林立する天文台団地です。その中のケック天文台は、世界最大級の10メートル鏡に補償光学技術を組み合わせた赤外線観測装置を備えます。

補償光学技術とは、観測中に大気の擾乱(じょうらん)を監視し、それによる像の乱れを、鏡にリアルタイムで変形を加えることで打ち消す技術です。思わず「本当かよ」と言いたくなるような仕組みですが、高速計算や精密な機械技術などの進歩により、20世紀末ごろから実用化されました。

ケック天文台の装置の場合、これによって達成される最高分解能は0・01秒角(1秒角は3600分の1度)、視力にすると6000、大阪に置いた新聞の見出しが東京から読めるくらいです。

カリフォルニア大学ロサンゼルス校(UCLA)の銀河系中心研究グループは、これを用いて天の川銀河中心を約20年にわたって連続観測しています。

太陽質量の400万倍もあるモンスターが出た！

図15は想像図ではなく、何年にもおよぶ観測に基づくものです。楕円軌道を描いている光点は恒星で、それぞれが私たちの太陽のような立派な星です。そういう恒星が、まるでちっぽけな惑星のように振り回されています。

ところが図の中央、その重力中心には重力源になりそうな天体が見当たりません。そこには見えない物体、太陽質量の約４００万倍の巨大ブラックホールが存在するのです。

このデータが発表された時、研究者はひっくり返って驚きました。ここには、ブラックホールを周回するいくつもの恒星が捉えられています。２万５６００光年の彼方の星を見分け、しかもその動きを測定できているのだから大したものです。（ただしこの図は、撮像された画像そのものではなく、撮像データから求めた恒星の位置に光点をプロットしたものです。）

これらの恒星の中で一番中心に近いものは、約16年の周期でブラックホールを周回しています。[*1] 軌道長半径は約１０００天文単位、私たちの太陽系だと、大雑把に言って、最も

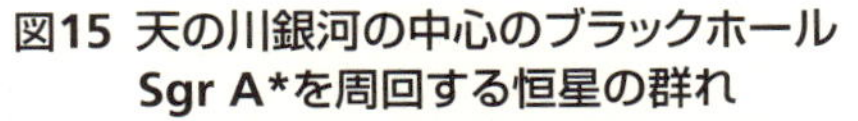

図15 天の川銀河の中心のブラックホール Sgr A*を周回する恒星の群れ

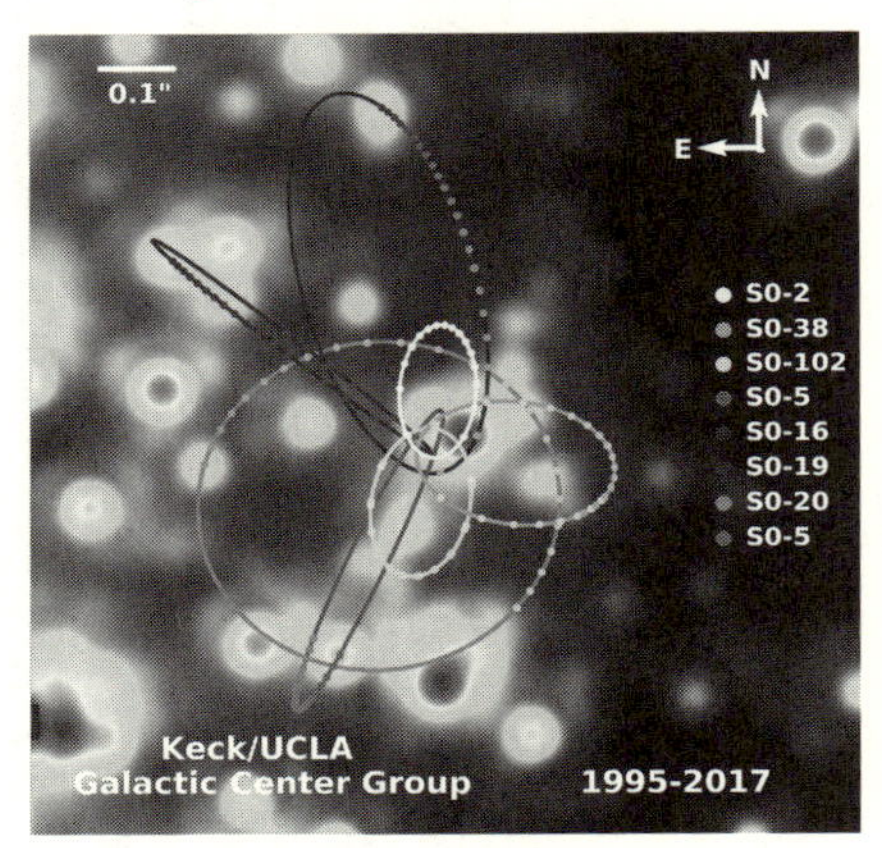

中心部を周回する楕円軌道を描いている。W.M. Keck望遠鏡による1995年-2017年のデータ。

提供：UCLA Galactic Center Group - W.M. Keck Observatory Laser Team
This image was created by Prof. Andrea Ghez and her research team at UCLA and are from data sets obtained with the W. M. Keck Telescopes.

太陽から遠い「太陽系外縁天体」の軌道半径くらいです。

２万５６００光年離れたところの、私たちの太陽系くらいのサイズが観測できていることも驚異的ですが、それほどのサイズの軌道を恒星がたった16年で周回することも、あごが外れそうな衝撃です。私たちの太陽から１０００天文単位離れた天体は、軌道周回に１万年以上かかるのです。

これらの恒星を振り回している中心天体は、私たちの太陽とは比べ物にならないほど質量が大きく、しかも恒星のようには輝いていないことが、この観測データからただちにわかります。

これは巨大ブラックホールの存在の決定的な証拠です。

ここから算出した、中心のブラックホールの質量は、太陽質量の（4・02±0・16）×10^6倍、つまり約400万倍のモンスターです。

全ての星は順に花火となって吸い込まれる

これらの恒星は今後、ブラックホールに飲み込まれると予想されます。なぜならば、こういう恒星の軌道がいくつも密集する状態は不安定だからです。恒星同士が重力で引き合う結果、これらの楕円軌道は乱れ、半径や回転軸の角度が変わっていきます。

その結果、恒星がブラックホールに近づきすぎると、ブラックホールの強い潮汐力（ちょうせきりょく）が働き、ばらばらに壊れてしまうでしょう。そして渦を巻きながらブラックホールに吸い込まれるでしょう。

その時にはきっと、私たちの天の川中心部は花火のように明るく輝くはずです。数年〜数千年ほど燃え上がる花火です。宇宙に散らばる銀河のうち、中心部が明るく輝いているものは、そうやって光っていると思われます。

恒星をひとつ飲み込むたびに、巨大ブラックホールは太っていきます。質量が太陽の約400万倍ということは、大雑把な見積もりとしてこれまで400万個ほどの恒星を飲み込んできた勘定になります。天の川銀河が誕生して約140億年ほどの間に400万個の恒星が飲み込まれたとすると、およそ3000年に1個ということになります。

私たちの暮らす天の川銀河は、約1000億個の恒星を有します。それら1000億個の恒星は、銀河系中心を周回しています。私たちの太陽系も2億年ほどの周期でこれを周回しています。つまりみんな一緒にこの巨大ブラックホールを周回していることになります。(ただし、巨大ブラックホールが持つ、太陽の400万倍の重力に引かれて周回しているわけではありません。天の川銀河の質量の総和に引かれて周回しています。)

1000億個の恒星は、そうしてゆっくり周回するうちに、1個ずつ巨大ブラックホールに飲み込まれていき、最後には全てなくなるでしょう。それがどれほどかかるか、正確な見積もりはないのですが、3000年に1個というペースが続くなら、約300兆年ということになります。

おそらくよその銀河でも事情は似たり寄ったりで、それくらいの年月のうちに、どこの銀河でも星はすっかりブラックホールに飲み込まれ、宇宙は真っ暗になることでしょう。

真っ暗な宇宙を想像するとさびしく感じるかもしれませんが、そうなるまでに、100億発ほど派手な花火が天の川銀河の中心から打ち上げられるはずなので、それを楽しみましょう。

＊1—Boehle, A., et al. 2016, ApJ

ダークマターのしっぽをつかまえた？

ついにダークマターが捉えられた!?

「ダークマター」、またの名を「暗黒物質」という、この何だか怪しい響きのするモノは、宇宙物理の長年の謎でした。

この正体不明の物質は、宇宙空間を漂っているはずなのに、可視光も電波も出さず、望遠鏡や観測装置を向けても捉えることができません。そのため、「見えない物質」という意味で、「ダークマター」とか「暗黒物質」と呼ばれます。ＳＦにそのまま使えそうな素晴らしいネーミングです。

２０１６年12月８日、国際宇宙ステーションに搭載されている宇宙線観測装置「ＡＭＳ」のチームが記者発表を行ないました。その観測データには、ダークマターの形跡が見られるというのです。

これまでどんな観測装置もすり抜けてきたダークマターが、ついに捉えられたのでしょうか。長年の謎、ダークマターの正体が明かされる時が来たのでしょうか。解説しましょ

図16 宇宙線観測装置「AMS」

STS-134ミッションで、国際宇宙ステーションに取りつけられた（2011年7月撮影）。
提供：NASA

う。

宇宙を利用した実験装置「AMS」

AMS（Alpha Magnetic Spectrometer）は、２０１１年5月16日（協定世界時）、スペースシャトル・エンデバー号で打ち上げられ、国際宇宙ステーションに取りつけられた、宇宙線検出装置です。

宇宙線とは、宇宙空間を光速に近い速度で飛んでいる粒子です。粒子の種類は陽子、電子、原子核などさまざまです。人類が実験室で見たことのない未知の素粒子も飛び回っていると考えられます。

なにしろ天体現象は圧倒的に巨大で強力なので、人類の貧弱な実験装置では作れない高エネルギー粒子も作ることができるのです。宇宙空間に粒子の測定装置を設置すれば、そういう粒子も手に入るだろうと予想されます。事実、陽電子やミュー粒子といった粒子は宇宙線の観測で発見された歴史があります。

しかし実験装置を宇宙に設置するには、電力制限、重量制限、紫外線が照りつけ酸素原子が襲う過酷な環境、メンテナンスなしの遠隔運用といった難しい課題を解決しなければなりません。

AMS（をはじめ全ての軌道ミッション）はこうしたハードルを飛び越え、成果を挙げてきました。2016年12月8日には、打ち上げ5周年を記念して、5年間のレビューが記者発表されました。ここではその成果のうち、ダークマター候補粒子について解説します。

天文学者を悩ませる謎「計算が合わない!」

「銀河」は、恒星やガス雲などが寄り集まってできている巨大な天体です。

天文学者は宇宙に浮かぶ無数の銀河の質量を測定しました。（なぜそんなものを測定するのかというと、そこに銀河があるから、としか答えようがありません。そんなものを測定する人を天文学者と呼ぶのです。）そしてその結果に首をひねりました。計算が合わないのです。

銀河の質量を測る方法の一つは、そこに集まっている恒星やガス雲の質量を足すというものです。恒星の平均質量を別の方法で推定しておいて、銀河に含まれる恒星の数にかけると、恒星の総質量が求められます。この要領で、恒星やガス雲やその他の成分を次々に求め、全部足し合わせて銀河の質量を求めます。

もう一つの方法は、その銀河の重力を測るというものです。銀河の重力は、その銀河に含まれる恒星やガス雲、それに望遠鏡では見えない物体なにもかも全部が合わさって作っています。そのため、重力を測定することによって、銀河のなにもかも全部を合わせた質量を測ることができるのです。

そしてこの二つの方法の結果が食い違うことは、天文学者を悩ます謎でした。恒星やガス雲やその他観測される全ての物体を足し合わせた質量よりも、銀河の重力は大きいのです。どうも銀河には、望遠鏡では見えない物質が大量に含まれているようなのです。その量は、見える物質の約5倍もあります。

このことは、私たちの身近にあって、見たり聞いたり触れたりできる物質が、宇宙の中では少数派だということを意味します。実は、宇宙には私たちの知らない種類の「物質」の方が多くあって、銀河や「銀河団（銀河の集まり）」といった巨大な天体の質量は、ほとんどがその未知の物質で占められているのです。

この未知の物質は「ダークマター」と名づけられ、宇宙の謎として、研究者を悩ませてきました。

超対称性粒子はダークマターなのか

ダークマターの正体はいったい何でしょうか。「ニュートリノ」のような素粒子でしょうか。それともブラックホールのような、光を出さない天体でしょうか。研究者はさまざまな仮説を提案してきました。

そういう仮説の一つが「超対称性粒子」という、今まで人類の測定装置に引っ掛かったことのない素粒子です。

「素粒子」とは、粒子のうち、それ以上細かく分解することができないものを指します。例えばマイナスの電荷を持つ「電子」という粒子は素粒子です。ニュートリノも素粒子です。人類の知っている素粒子は、電子と似ている「ミュー粒子」と「タウ粒子」、質量がゼロに近い「ニュートリノ」、6種類の「クォーク」、それに「光子」、「ヒッグス粒子」など、17種類ほどが見つかっています。

「素粒子理論」はこういう素粒子の振る舞いを説明する物理学理論です。これまで新しい素粒子が発見されると、それを取り入れて改訂されてきました。今後どういうタイプの素粒子が発見されるか次第で、拡張の可能性も何タイプか考えられます。

そういう拡張版素粒子理論の一つが「超対称性理論」です。この理論は超対称性粒子という素粒子が数種類見つかることを予想します。その一つがダークマターをも説明できるのではないか、というのがこの理論の支持者の希望です。

そしてAMSチームの発表によれば、ダークマターの正体が超対称性粒子の一種だとすると、得られたデータが説明できます。

図17はAMSによって捉えられた陽電子のデータ（十字マーク）です。横軸は陽電子のエネルギーで、検出器に飛び込んできた速度が大きいほどエネルギーも高くなります。縦軸は、そのエネルギーを持つ陽電子の数に相当します。ただしデータを見やすくするため、エネルギーの3乗がかけてあります。

この陽電子の多くは、別の種類の宇宙線がそのへんの物質にぶつかることで生じたもの

図17 AMSによって捉えられた陽電子のデータ

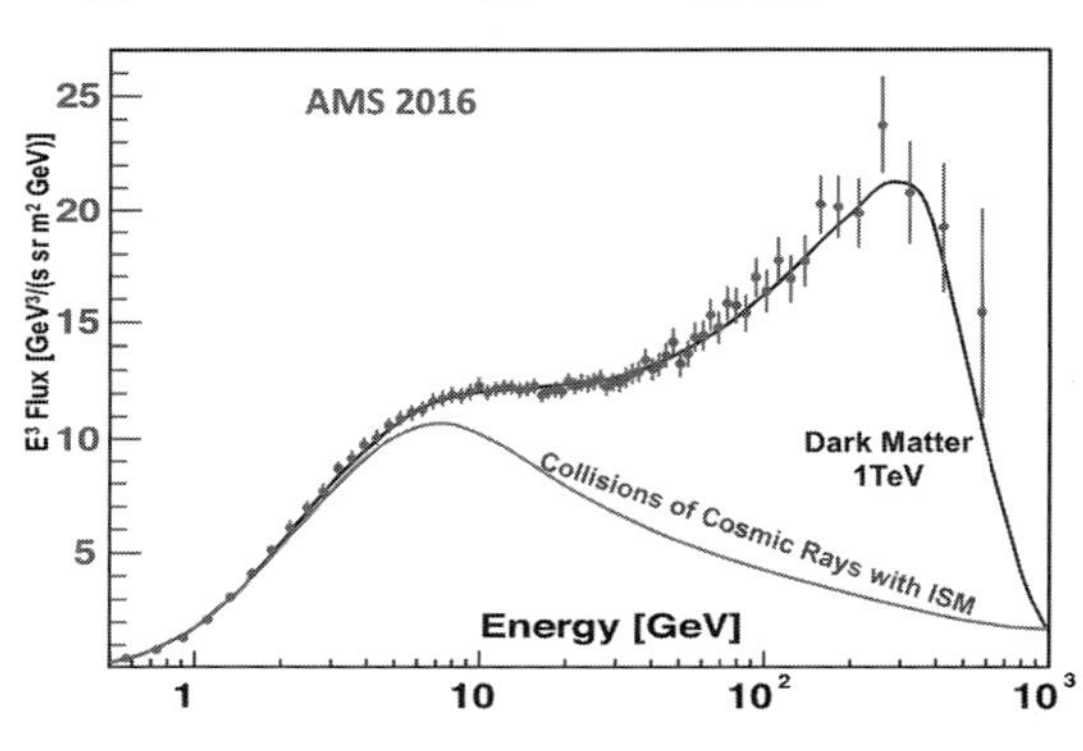

提供：AMS Collaboration

で、ダークマターとは関係ありません。問題はグラフの右半分にあるピーク（山形）です。

もしも超対称性粒子の質量が1TeV（1テラ電子ボルト）で、もしもそれが宇宙空間を飛び回っていたならば、いくつかは衝突を起こして最終的に陽電子を作り、それがこのようなピークとして観測されるだろうと予想されるのです。「もしも」が連続しましたが、これは人類が初めて捉えたダークマターのしっぽかもしれません。

このAMSの結果はしばらく前から発表されていましたが、5年の間に徐々にデータが蓄積され、（右端のデータ点などはまだ誤差が大きいように見えますが）このようなはっきりしたグラフになりました。

ただし、AMSチームの発表にもあるように、近傍中性子星など別の天体現象でもこのデータが説明できる可能性があります。

宇宙の95パーセントは正体不明の物質で満ちている

AMSが5年間かけて溜めた陽電子のデータですが、その発生源の正体を決定するには、まだ統計が足りません。高エネルギーの陽電子がもっとAMSに飛び込んでくれれば、この超対称性粒子の質量などを測定できて、理論に制限をつけることができるでしょう。

あるいは、陽電子の起源が超対称性粒子でなく、近傍中性子星だと判明するかもしれませんが、だとしてもやはりそれは一大成果です。中性子星の周囲では激烈な電磁気現象が起き、電子や陽電子が作られては加速されていると考えられています。その電子や陽電子が直接観測されるのは初めてのことです。

それにしても、AMSのデータが本当に超対称性理論の証拠なら、理論の予測により、素粒子の種類は一挙にほぼ倍に増えることになります。しかも、通常の物質を圧倒する量の超対称性粒子がダークマターとして宇宙に存在しているのです。実は銀河や銀河団はほとんどこの粒子でできていることになるのです。

そして最近、宇宙にはダークマターのさらに4倍の未知のエネルギーが満ちていることが分かってきました。その正体はダークマターよりさらに謎めいています。「ダークエネルギー」としかもう呼びようのないこの存在は、ダークマターと合わせると宇宙の約95パーセントを占めます。通常の物質はほんの5パーセントを占めるだけです。

こうしてみると、宇宙について人類の知っていることは、ほんのわずかでしかありません。天文学者の測定対象が尽きて失職するおそれは当分なさそうです。

日本主体の有力・有望ミッション

最後に、国際宇宙ステーションに搭載されている、日本主体の天文・宇宙科学研究ミッションも応援しておきます。

全天X線監視装置「MAXI（マキシ）」は、2009年の打ち上げ以来、X線天体を監視し続けている息の長いミッションです。（正直言って、これほど長く活躍し続けるとは予想しませんでした。脱帽です。）これまで多数のブラックホール天体を発見するなど、数々の成果を挙げ、国際宇宙ステーションの科学ミッションのうちでもトップクラスの評価を受けています。

カロリメータ型宇宙電子線望遠鏡「CALET（キャレット）」は、飛来する電子などの宇宙線の方向とエネルギーを測定し、宇宙線の発生源となる天体現象を探ります。近傍中性子星やダークマターの解明が期待されます。２０１５年に打ち上げられ、徐々に成果を公開しつつあります。（ちなみに、CALETのエンブレムは筆者がデザインしたものです。）

宇宙を記述する「第3の重力革命」

「ダークマターは存在しない」という流派

前項では、宇宙空間を漂うダークマターについて解説しました。国際宇宙ステーションに搭載された粒子検出器がダークマターの形跡らしきデータを捉えたのです。

けれどもそれと同じころ、「ダークマターは存在しない」と主張する奇抜な研究が注目を集めました。「エントロピック重力理論」と呼ばれるこの物理学理論は、全く新しい原理に基づく重力理論で、ダークマターをはじめとする現代物理学の難問を解決するというのです。

もしもこの主張が本当ならば、これはニュートンとアインシュタインに次ぐ、第3の重力革命です。現時点では正しいとも正しくないとも結論できませんが、面白いので紹介しましょう。

新しい重力理論よ、目覚めよ

17世紀、アイザック・ニュートン（1643－1727）は「万有引力の法則」を発見し、月や惑星やリンゴの運動を説明してのけました。人々はびっくりしました。

20世紀、アルベルト・アインシュタイン（1879－1955）は「相対性理論」を発表し、空間はぐにゃぐにゃ時間はへろへろ伸び縮みするのだと明らかにしました。こういう伸び縮みの効果が重力現象だというのです。人々はびっくりしました。

21世紀、そろそろ新しい重力理論が現われて、人々をびっくりさせてもいいのでは、と期待が高まっています。なぜなら、古い理論では説明できない事柄が、だんだん溜まってきたからです。

古い理論で説明できない事柄の筆頭は「ブラックホールの消滅」です。ブラックホールは強い重力を持つために光も脱出できない天体とされます。

と、述べたハナから矛盾するようなことをいいますが、「量子力学」という理論を少々適用すると、ブラックホールは微弱な光を出しながら徐々に縮んでいくという結論が出ます。そして縮んだ果てに、シャボン玉のようにこわれて消えてしまうといいます。

一方、ブラックホールがこわれて消えると論理的にいろいろ不都合が生じるので、そうはならないだろうという意見もあります。このあたりは、量子力学と相対性理論を統合した「量子重力理論」の完成によって正しく説明されると期待されています。

ブラックホールの他にも、宇宙の始まり「ビッグバン」はどうして起きたか、宇宙空間に存在するダークマターとダークエネルギーの正体は何か等々、重力の分野には未解決の宿題が山積みです。

だから、こうした宿題を一挙に片づけてくれるであろう量子重力理論の登場が待望されているのです。

「エントロピック重力」とは

2010年、オランダはアムステルダム大のエーリク・フェアリンデ教授は、重力がエントロピーによって生じるというアイデアを発表しました。「エントロピック重力理論」です。

しかし、そもそも重力なるものが抽象的で直観的に理解しがたい存在なのに、それがエントロピーというさらに訳の分からないもので生じるといわれても、なんのことやらというのが普通の反応でしょう。

ここではエントロピーの正体に深入りせず、それはエネルギーや質量のような、ある物理量であると述べておきます。そこらの物質もエントロピーを持ちますが、特にブラックホールは大量に蓄えていると考えられています。

そして、ブラックホールが外部の物体を引き寄せると、ブラックホールのエントロピーが少々増えるのですが、じゃあ逆に、ブラックホールのエントロピーが増えるために、ブラックホールが物体を引きつけるのだとは考えられないか、というのがエントロピック重力理論の発想です。

フェアリンデ教授はこの考えに基づき、ブラックホールでない通常の質量においても、そのエントロピーと重力の間には関係があると主張しました。そしてちょいちょいと計算して、既知の関係式や観測値をいくつか導出してみせました。

銀河の規模では万有引力が成り立たない!?

2016年12月、オランダ・ライデン大の大学院生マーゴット・ブラウワー氏らの研究チームは、3万3613個の銀河の物質分布を測定し、エントロピック重力理論の予想に合致する結果を得たと発表しました。[*1] しかもこの予想は、ダークマターのような余計な仮説を必要としないというのです。

世間（の一部）は、これでエントロピック重力理論の正しさが証明された、ダークマターは存在しない、と沸き立ちました。

しかしこの研究結果は、もう少し慎重な検討が必要です。

そもそもダークマターとは、星やガスなどの観測可能な物質以外で、宇宙空間に漂っていると考えられている質量を指します。銀河の持つ重力を測定すると、銀河に含まれる星やガスの他に、観測できない重力源があるようなので、これをダークマターと仮に呼ぶのです。

けれどもフェアリンデ教授は、銀河に星やガス以外の重力源があるのではなく、銀河のような大きなスケールでは、重力の法則自体が万有引力の法則と違うのだと主張します。

そして、ダークマターがなくても銀河の重力を説明できるように、重力の法則を変更し、さらに、その変更された重力法則に整合するように、エントロピック重力理論を作っています。

これはかなり曲芸的な手法です。

こうして作られたエントロピック重力理論が、銀河の観測と一致しても、ダークマターが存在しないかどうか、万有引力が銀河の規模では成り立たないかどうかは、まだ結論するには少々早いように思われます。

量子重力理論は秀才が迷い込む荒野？

重力理論の歴史を振り返ると、ニュートンの新しい力学は微積分という新しい数学を必要としました。物理学が難解な学問になったのはこの時からです。

アインシュタインの相対性理論は微分幾何学というテクニックを駆使するもので、これまた手ごわい数学です。

次の重力理論である量子重力理論がどんなものになるのか、いまだ明らかではありませんが、それがきわめて難解な代物になることだけは疑いありません。

量子重力理論という魅力的なテーマに、研究者はもう何世代も取り組んでいます。これまであまたの秀才が無数の論文を発表し、さまざまなアイデアを提唱しました。エントロピック重力理論はその一つです。中には、うまくいかなかったもの、ちょっとうまくいったもの、まだどちらとも判断のつかないものが入り雑じっています。

そうした新理論のいずれもが、高度な数学で武装した難解な理論で、理解するには何年にもおよぶ修行が必要です。新理論はいくつもの流派に分かれています。全ての流儀を学んで、全体像を把握するのはさらに困難です。

こうしてみると、量子重力理論はまるで野心に満ちた秀才が迷い込む荒野のようです。荒野のどこかにあるという、豊かな正しい量子重力を、人は探してさまよいます。荒野のあちこちに立つ墓標は、うまくいかなかったアイデアです。素人には墓碑銘も判読できません。

正しい道を歩み、正しい新理論に至る人はいるのでしょうか。エントロピック重力理論はそういう正しい理論なのでしょうか。誰も確信を持って答えられません。

ともあれ、エントロピック重力理論が本当に観測データと合うかどうか、今後の追試に注目しましょう。

＊1—Margot M. Brouwer, Manus R. Visser, Andrej Dvornik, et al., 2017, Monthly Notices of the Royal Astronomical Society, vol. 466, Issue 3, p2547

超新星爆発の瞬間を捉えた100万分の1の偶然

アマチュア天文家に奇跡がおとずれた

星が寿命の最期にパッチンと弾けて起こす大爆発は、「スーパーノバ（Supernova）」「超新星爆発」あるいは単に「超新星」と呼ばれ、これは天文学・宇宙物理学のホットな研究対象です。どれくらいホットかというと、これが起きると1000億K（ケルビン）程度のエネルギーを持つ粒子が地球に降ってくるので、そういう意味でも非常にホットです。「スーパーノバは1000億度」といってもいいかと思われます。

ホットな研究対象なので、星が爆発する前から爆発後までを連続観測してデータを取りたいなあ、とは誰もが思うのですが、残念ながらこれはまず無理です。空のどこで今晩爆発が起きるか分からないためです。

ところが2016年のある晩、一人のアマチュア天文家が望遠鏡を夜空に向けて写真を撮っていたところ、超新星爆発が起きるところを偶然捉えてしまいました。研究者が喉から手が出るほど欲しいきわめて貴重なデータです。このようなデータが得られる確率は100万分の1という見積もりもあります。

超新星はなぜホットな研究対象なのでしょう。このデータからは何が分かるのでしょうか。解説しましょう。

超新星爆発のメカニズム

ここでは、「II型超新星」あるいは「重力崩壊型超新星」と呼ばれる天体現象について説明します。他に、核融合反応が暴走して起きる「Ｉａ型超新星」などがありますが、今回は扱いません。

さて、恒星はどうしてパッチンと弾けて超新星爆発を起こすのでしょうか。

恒星は、重力で集まったガスの塊です。重力は恒星を押し縮め、ガスは圧力で広がろうとし、その釣り合いで恒星は形を保っています。

私たちの最も身近な恒星、太陽の内部では、水素原子が「核融合」してヘリウム原子に変わり、その際に熱を発生しています。核融合の熱でガスは温められ、太陽は輝きます。核融合反応が続く間は、太陽もつぶれることはありません。

けれども、太陽内部がヘリウム原子だらけになると、(中心部では) 燃料の水素原子が欠乏し、水素の核融合による熱の供給が止まります。そうなると、中心部の密度が高まり、今度はヘリウム原子が核融合を始め、炭素原子や酸素原子を作ります。

質量が私たちの太陽の数十倍あるような重い恒星の中心部では、こういう具合に、核融合の燃料が使い果たされて、もっと重い元素が核融合をするというバトンタッチが進行していきます。次第に中心部の密度は高まり、重元素が増えていきます。

大質量の恒星は、最終的には、内部に鉄を溜め込みます。鉄原子は核融合の燃料としては使えない、いわば核融合の燃えカスのような物質です。恒星の中心部には、質量が私たちの太陽よりも重い鉄の塊が出来上がり、重力によってぎゅうぎゅうのがちがちに圧縮されます。

そして圧縮が限界を超えると、この巨大な鉄の塊は一気にぐしゃっとつぶれ、「中性子星」という特殊な物体に変わります。中性子星は質量が私たちの太陽の1・4倍程度もあるのに、半径が10キロメートルほどしかない、超高密度の異常な代物です。ほとんど中性子でできているので、「巨大な原子核」などと呼ぶ人もいます。

恒星中心部の鉄の塊が中性子星に変化する際には、膨大なエネルギーが発生します。その恒星がそれまで長年輝くことで放射してきたエネルギーの、何十倍ものエネルギーが一瞬で放出されるのです。

中性子星誕生の瞬間、恒星の外層部は宇宙空間に飛び散り、電波からガンマ線までのあらゆる波長の電磁波と重力波と膨大な「ニュートリノ」がほとばしり、周囲に不運な惑星などがあれば全て焼き尽くします。

これが宇宙最大規模のパッチン、超新星です。

宇宙を知る鍵となる現象

「銀河」は恒星が何十億個、何百億個と集まった群れですが、1個の銀河の中では超新星が約100年に1回発生すると見積もられています。

約100年に1回パチパチ弾ける超新星は、銀河に影響を与える存在です。

超新星の際に吹き飛ばされて焼かれた物質は、元素組成が変化します。原子核がばらばらに壊れたり、逆にくっつき合って重い原子核が合成されたりします。超新星爆発によって、宇宙空間に新しい元素が供給されるのです。宇宙空間の元素組成を知るには、超新星爆発の過程を詳細に理解する必要があります。

そうして撒き散らされた元素は、宇宙空間のガスが集まって新たな恒星や惑星が生まれる際、その原料に紛れ込みます。ひょっとしたら、その惑星上で生命が誕生するかもしれません。（私たちの知っている）生命は超新星爆発などの天体現象で合成された元素を原料にしています。超新星は（私たちの知っている）生命に必須なのです。

超新星爆発の際にはニュートリノという素粒子が大量に生成されて、ほぼ光速で飛んでいきます。また重力波も放射されます。宇宙空間には「宇宙線」と呼ばれる粒子が飛び回っていますが、宇宙線も超新星からエネルギーを供給されていると考えられています。超新星から放出されたエネルギーは、さまざまな形態をとって、宇宙空間を満たしているのです。

銀河の中には超新星爆発で生まれた中性子星が数十万個も浮いていて、電波やX線やガンマ線をちかちか放っています。また、生まれた中性子星の質量が大きすぎると、ただちにブラックホールに変化すると考えられています。ブラックホールが銀河に何個浮いているかは、これからの研究で分かってくるでしょう。

このように、超新星爆発は宇宙を今あるような状態にしている重要な現象なのです。

爆発前後1日分のデータだけが取得できない

大質量の恒星が、核融合燃料を使い果たし、超新星爆発を起こす過程は、加速度的に進行します。内部に溜まったケイ素が核融合で鉄に変わる時間は、約1日という短さです。昨日まで（中心部が）ケイ素でできていた恒星は、今日には鉄の星になり、明日は大爆発です。

この爆発の瞬間を観測装置で捉えることができれば、爆発過程のデータが得られて万々歳なのですが、そういう観測例はほとんどありません。現在の観測手法では、爆発寸前の恒星を特定することはできないのです。

現在は、自動観測の手法で、毎日1個程度の超新星が発見されています。例えばオハイオ大学などのチームによる「ASAS-SN（アサシン）プロジェクト」では、世界各地に設置された20台の自動望遠鏡が、晩から明け方までせっせと夜空の写真を撮っています。太陽近くの領域を除いて、ほぼ全天が1日1回は撮像されます。撮られた写真は前日の写真と自動的に比べられます。

撮像データの中に1日で急に出現した光点が発見されると、世界中にアラートが送られます。ですが、そういう光点は超新星とは限りません。「新星」という天体現象の場合もあります。新星研究者が喜びます。

あるいは、それは小惑星かもしれません。世界中にアラートが送られます。小惑星愛好者が喜びます。

あるいは、それはまさしく超新星かもしれません。世界中にアラートが送られます。別の望遠鏡による追観測が始まります。明るさ、スペクトラム、赤方偏移が測定されます。

この手法だと、超新星爆発を発生から1日程度で発見することができます。これは大変な成果です。けれども、爆発の最初の1日分のデータは取得することができません。

8600万年前の爆発の光がやってきた

2016年9月20日04時30分（協定世界時）、アルゼンチンのアマチュア天文家ビクトル・ブーソ氏は、40センチメートルのニュートン式望遠鏡をNGC613という約8600万光年先の渦巻き銀河に向けて撮影しました。その時には、NGC613に変わったところはありませんでした。

45分後、撮影を再開したところ、そこには光点が出現していました。光点は43等級／日という、前代未聞の速さで見る間に明るくなりました。「等級／日」などという奇怪な単

図18 超新星2016gkgの増光の瞬間

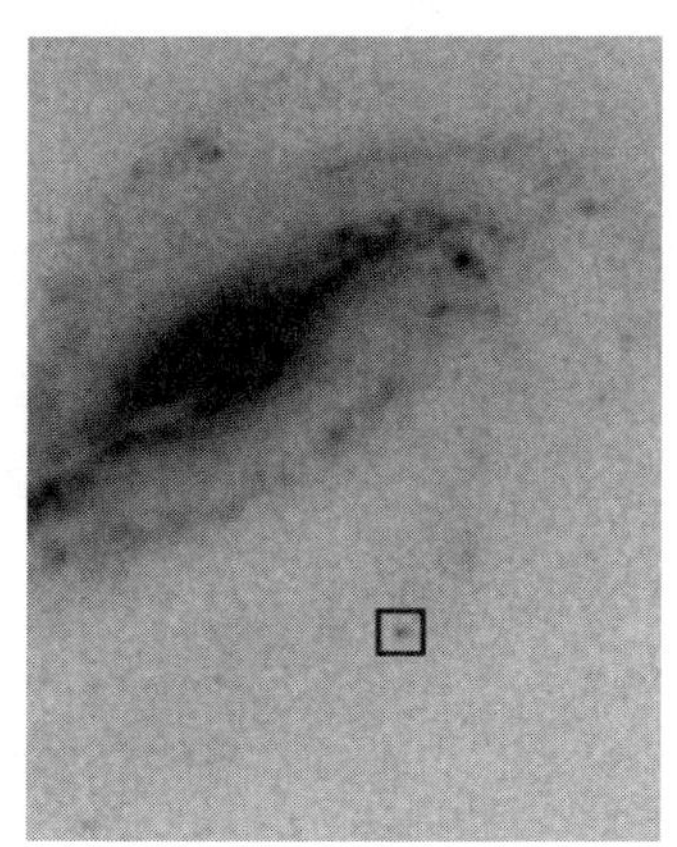

ブーソ氏によって2016/09/20 05:57に撮像された。 提供：Víctor Angel Buso

位は初めて見る方がほとんどだと思いますが、これは明るさが25分で2倍になる増光を示します。その調子で1日増光が続くと16京倍になる勘定です。

超新星がパッチンと弾ける瞬間が捉えられたのです。NGC613に属する1個の星の中心部で、鉄の塊がぐしゃっとつぶれ、重力波とニュートリノと電磁波が放出されたのです。そのエネルギーが約1秒で中心部から星の表面に達し、表面が吹っ飛んだのです。その光が約8600万年間宇宙を旅してブーソ氏の40センチメートルニュートン式望遠鏡に入射し、焦点面のCCD素子を感光させたのです。（同時に重力波と1000億Kのニュートリノも地球に到来したはずですが、残念ながら弱すぎて検出されませんでした。）

この超新星はＡＳＡＳ－ＳＮプロジェクトでも確認され、「２０１６ｇｋｇ」と名づけられました。

ブーソ氏の共同研究者の見積もりによると、爆発の瞬間がこのように偶然捉えられる確率はおよそ１００万分の１ということです。

この爆発の瞬間のデータは、恒星内部を伝わる衝撃波や、そこで起きる元素合成、ニュートリノと物質の相互作用などの情報を含んでいます。そして超新星爆発の過程が分かれば、銀河の物理が理解できることは、前述のとおりです。

膨大な予算を投じて建造される巨大装置をばりばり回して研究するような分野では、アマチュア研究者が科学に貢献する余地はほとんどないのですが、天文分野では、個人の小さな望遠鏡が珍しい天体現象を捉えることがあります。これもまた、天文分野の魅力の一つでしょう。

金・銀・白金（プラチナ）はどこからやってきたのか？

地学のセンター試験問題が「問題」に

例年1月中旬には、恒例・大学入試センター試験が行なわれます。その問題が難問だとか悪問だとか、あれこれ批評されるのもまた恒例です。問題作成関係者は大変気を配って作成しますが、褒められることは滅多にありません。

２０１８年は「地学　第6問　A」が天文・宇宙物理の業界に波紋を広げました。天文・宇宙物理研究者にとって、いったいその問題のどこが「問題」だったのでしょうか。

実はその問題、２０１７年8月17日12時41分04秒（協定世界時）までは、全く「問題」なかったのですが、この時刻に地球に到来した重力波が、元素についての人類の知識を変えてしまったのです。その結果、「地学　第6問　A」は時代遅れになってしまいました。

今回は、その「地学　第6問　A」を受験生とともに解いてみましょう（次ページ）。

A　宇宙の構成要素に関する次の文章を読み、下の問い(問1・問2)に答えよ。

宇宙は、恒星や星間物質など電磁波で直接観測できる物質(通常の物質)のほか、直接には観測できない構成要素(ダークマター、ダークエネルギー)からなると考えられている。(a)通常の物質は、水素とヘリウム、それ以外の重い元素から構成されている。

問1　上の文章中の下線部(a)に関連して、宇宙の元素について述べた文として最も適当なものを、次の(1)～(4)のうちから一つ選べ。

(1) 炭素、酸素の一部はビッグバンによりつくられた。
(2) 超新星爆発によって、鉄より重い元素がつくられた。
(3) 種族IIの星は、種族Iの星にくらべて重い元素の割合が多い。
(4) ヘリウムの大部分は、恒星内部の核融合によりつくられた。

〈平成30年度大学入試センター試験 地学 第6問 A。問2は省略〉

宇宙の元素はどうやってできた？

これは、元素の起源についての知識を問う問題です。ダークマターやダークエネルギーなど、キラキラ宇宙用語が並んでいますが、これは目眩（めくら）ましで、問題を解くために全く必要ありません。よく訓練された受験生は惑わされずに下線部（a）に取り組みます。

岩や水や空気など身の回りの物体や、私たち自身を含む生物の体や、太陽や惑星など天体といった、通常の物質は、100種類ほどの基本原料を組み合わせ、調合してできています。この、あらゆる（通常の）物質の元となる基本原料を元素といいます。そしてこれまでに確認された118種の元素を分類し、整然と配列した表が「周期表」です（114ページ～115ページ）。

この宇宙は約138億年前に「ビッグバン」と呼ばれる大爆発とともに生じました。ビッグバンそのものについては、別の機会に解説したいと思います。今回のテーマはビッグバンの後の話です。

岩や水や空気や私たち自身や天体を作っている元素は、ビッグバン以来約138億年間変わることなく存在していたわけではありません。その辺の物質を構成する炭素や酸素や鉄といった元素は、約138億年の宇宙の歴史のどこかの時点で、何らかの物理現象によって合成されたのです。

例えば、選択肢の（1）には「炭素、酸素の一部はビッグバンによりつくられた」とありますが、炭素や酸素はビッグバンの時にはまだ存在していませんでした。（1）を選んではいけません。

ビッグバンの際に合成されたのは、周期表のトップを占める水素とヘリウムです。リチウムもほんのちょっぴりできましたが、無視できます。

ビッグバンからしばらく経つと、宇宙空間に散らばった水素やヘリウムが集まって、そこかしこに恒星が誕生し、輝き出しました。

恒星の輝きは、水素などの原子核がくっつき合う「核融合」の輝きです。水素などの原子核がくっつき合うと、もっと大きな原子核が合成され、それとともに熱が発生します。こうして、恒星内部では炭素や窒素や酸素など、周期表の上の方に並ぶ元素が合成されます。

恒星内部の核融合ではヘリウムも合成されるのですが、ビッグバンで合成されたヘリウムの方が圧倒的に多いので、「（4）ヘリウムの大部分は、恒星内部の核融合によりつくられた」もまた誤りです。

1
H
水素
1.008

原子番号 / 元素記号 / 元素名 / 原子量

（　）内の数値は代表的な同位体の質量数を示す。

10族	11族	12族	13族	14族	15族	16族	17族	18族	
								2 He ヘリウム 4.0026	1周期
			5 B ホウ素 10.81	6 C 炭素 12.011	7 N 窒素 14.007	8 O 酸素 15.999	9 F フッ素 18.998	10 Ne ネオン 20.180	2周期
			13 Al アルミニウム 26.982	14 Si ケイ素 28.085	15 P リン 30.974	16 S 硫黄 32.06	17 Cl 塩素 35.45	18 Ar アルゴン 39.95	3周期
28 Ni ニッケル 58.693	29 Cu 銅 63.546	30 Zn 亜鉛 65.38	31 Ga ガリウム 69.723	32 Ge ゲルマニウム 72.631	33 As ヒ素 74.922	34 Se セレン 78.972	35 Br 臭素 79.904	36 Kr クリプトン 83.798	4周期
46 Pd パラジウム 106.42	47 Ag 銀 107.87	48 Cd カドミウム 112.41	49 In インジウム 114.82	50 Sn スズ 118.71	51 Sb アンチモン 121.76	52 Te テルル 127.60	53 I ヨウ素 126.90	54 Xe キセノン 131.29	5周期
78 Pt 白金 195.08	79 Au 金 196.97	80 Hg 水銀 200.59	81 Tl タリウム 204.38	82 Pb 鉛 207.2	83 Bi ビスマス 208.98	84 Po ポロニウム (210)	85 At アスタチン (210)	86 Rn ラドン (222)	6周期
110 Ds ダームスタチウム (281)	111 Rg レントゲニウム (280)	112 Cn コペルニシウム (285)	113 Nh ニホニウム (278)	114 Fl フレロビウム (289)	115 Mc モスコビウム (289)	116 Lv リバモリウム (293)	117 Ts テネシン (293)	118 Og オガネソン (294)	7周期

64 Gd ガドリニウム 157.25	65 Tb テルビウム 158.93	66 Dy ジスプロシウム 162.50	67 Ho ホルミウム 164.93	68 Er エルビウム 167.26	69 Tm ツリウム 168.93	70 Yb イッテルビウム 173.05	71 Lu ルテチウム 174.97
96 Cm キュリウム (247)	97 Bk バークリウム (247)	98 Cf カリホルニウム (252)	99 Es アインスタイニウム (252)	100 Fm フェルミウム (257)	101 Md メンデレビウム (258)	102 No ノーベリウム (259)	103 Lr ローレンシウム (262)

元素周期表

国際純正・応用化学連合の周期表（2018年版）をもとに作成。

118種の元素を規則的に並べた周期表。水素(H)の原子番号は1、ヘリウム(He)は2、鉄(Fe)は26。

	1族	2族	3族	4族	5族	6族	7族	8族	9族
1周期	1 H 水素 1.008								
2周期	3 Li リチウム 6.94	4 Be ベリリウム 9.0122							
3周期	11 Na ナトリウム 22.990	12 Mg マグネシウム 24.305							
4周期	19 K カリウム 39.098	20 Ca カルシウム 40.078	21 Sc スカンジウム 44.956	22 Ti チタン 47.867	23 V バナジウム 50.942	24 Cr クロム 51.996	25 Mn マンガン 54.938	26 Fe 鉄 55.845	27 Co コバルト 58.933
5周期	37 Rb ルビジウム 85.468	38 Sr ストロンチウム 87.62	39 Y イットリウム 88.906	40 Zr ジルコニウム 91.224	41 Nb ニオブ 92.906	42 Mo モリブデン 95.95	43 Tc テクネチウム (99)	44 Ru ルテニウム 101.07	45 Rh ロジウム 102.91
6周期	55 Cs セシウム 132.91	56 Ba バリウム 137.33	※1	72 Hf ハフニウム 178.49	73 Ta タンタル 180.95	74 W タングステン 183.84	75 Re レニウム 186.21	76 Os オスミウム 190.23	77 Ir イリジウム 192.22
7周期	87 Fr フランシウム (223)	88 Ra ラジウム (226)	※2	104 Rf ラザホージウム (267)	105 Db ドブニウム (268)	106 Sg シーボーギウム (271)	107 Bh ボーリウム (272)	108 Hs ハッシウム (277)	109 Mt マイトネリウム (276)

※1 ランタノイド系 (57～71)	57 La ランタン 138.91	58 Ce セリウム 140.12	59 Pr プラセオジム 140.91	60 Nd ネオジム 144.24	61 Pm プロメチウム (145)	62 Sm サマリウム 150.36	63 Eu ユウロピウム 151.96
※2 アクチノイド系 (89～103)	89 Ac アクチニウム (227)	90 Th トリウム 232.04	91 Pa プロトアクチニウム 231.04	92 U ウラン 238.03	93 Np ネプツニウム (237)	94 Pu プルトニウム (239)	95 Am アメリシウム (243)

宇宙空間には「重い元素」がだんだん増えてきた

恒星内部の核融合で合成された元素は、恒星の大気が宇宙に流出する「星風（恒星風）」などによって、宇宙空間にばらまかれます。また他の過程（後述）によって作られた元素も宇宙空間に増えていきます。ビッグバン以来約１３８億年間、宇宙空間には徐々に重い元素が増えてきました。

ここで「重い元素」とは、水素でもヘリウムでもない他の全ての元素を乱暴に引っくるめて天文研究者が呼ぶ言葉です。「メタル」と呼んだりもするので、天文研究者が「重い元素」とか「金属」などと言い出したら、何を指しているのか急いで確かめた方がいいです。

こうして宇宙空間で重い元素が増えてきたため、宇宙初期に星間ガスをかき集めて誕生した恒星と、最近かき集めた若い恒星をくらべると、若い恒星の方が重い元素を多く含んでいます。

これで「(3) 種族Ⅱの星は、種族Ⅰの星にくらべて重い元素の割合が多い」の正誤が分かるのですが、ここでの落とし穴は、宇宙初期に誕生した第1世代の恒星が「種族Ⅱ」と呼ばれ、最近誕生した第2世代の若い恒星は「種族Ⅰ」と名づけられていることです。

そういう分類になったのには歴史的事情があるのですが、はなはだ初学者泣かせ、受験生いじめの命名です。

設問者が意地悪なのではなく、用語がそもそも不親切なのですが、受験生は、理不尽な命名に舌打ちしつつ、（3）を誤りとしなければなりません。

超新星爆発が金銀ウランを作った……はずだった

さてこうして誤りを除外し、トラップを避けて、よく訓練された受験生は（2）の「超新星爆発によって、鉄より重い元素がつくられた」という選択肢にたどり着きます。消去法により、これが「地学 第6問 A」の正解でしょう。

恒星の通常の核融合反応では、周期表に並ぶ元素のうち、鉄までしか合成されないと考えられています。鉄より下の段にひしめく他の元素、金や銀やウランや白金その他大勢は、恒星内部の「自然に起きる」核融合では生じません。そういう重い元素の原子核は、鉄の原子核よりも高いエネルギーを持つので、合成するためには外からエネルギーを加えてむりやり原子核同士をくっつけてやる必要があるのです。

では、地面の中に埋まっている金や銀やウランや白金は、宇宙の歴史のどこでエネルギーを加えられてむりやり作られたかというと、それは「超新星爆発」による、というのが設問者の期待する答えでしょう。

おそらく設問者の考えていた、鉄より重い元素の合成過程は、次のようなものでしょう。

超新星爆発は、質量の大きな恒星の最期の大爆発です。超新星爆発には、恒星の中心部が重力崩壊を起こして中性子星に変化する際、外層部が宇宙空間に吹き飛ばされる「II型超新星」や、炭素の核融合が暴走して恒星を粉々にする「Ia型超新星」など、いくつかパターンがあります。いずれにせよ、1個の恒星が膨大なエネルギーを放出して消滅します。恒星を成していた物質はばらばらの原子に分解され、原子核もぶつかり合ってぶっ壊れ、宇宙空間に撒き散らされます。

この時、原子核はぶつかり合ってぶっ壊れるだけでなく、ある割合でくっつき合います。この宇宙最大規模の地獄の業火の中でなら、恒星内部の「自然な」核融合では合成できない元素もむりやり合成されるのです。やった、これで金も銀もウランも白金もできちゃって周期表が完成だ！　正解は（２）！　センター試験突破!!

……というのが、２０１７年８月17日12時41分04秒（協定世界時）までは、教科書にも載っている定説でした。

中性子星の衝突・合体で元素ができる？

しかし、超新星爆発による元素合成説に対して、別の説を提案する人もいました。その一つは、中性子星衝突・合体による元素合成です。（他にも元素合成過程はいろいろありますが、ここでは全部紹介できません。）

中性子星とは、前述のように、質量が私たちの太陽の1・4倍程度もあるのに、半径が10キロメートルほどしかない、きわめて高密度の異常な天体です。中性子星物質は周期表には収まらないのですが、これも「通常の物質」の一種です。中性子星は、II型超新星爆発によって誕生します。

広い宇宙には、このような異常な天体が2個、互いを周回しているものがあります。そういう「ダブル中性子星連星系（正式名称ではありません）」は、数億年かけて徐々に軌道を縮め、接近し、しまいには衝突・合体すると予想されます。合体した後は高い確率で1個のブラックホールになると思われます。

そしてそのような衝突・合体の際には、あたりに飛び散った中性子星物質が大量の重元素を作り、宇宙空間を重元素でいっぱいにするだろうという計算があります。ダブル中性子星連星系の衝突・合体は、超新星爆発よりもずっと稀な出来事なのですが、1回の衝突・合体で作られる重元素が多いため、元素によっては超新星爆発よりも貢献が大きいだろうというのです。

ということは、地面に埋まる金銀ウランに白金は、天の川銀河（銀河系）内で過去に起きたそういう衝突・合体で合成されたものかもしれません。

このダブル中性子星衝突・合体による重元素合成仮説は正しいのでしょうか。重元素は超新星爆発でなく、中性子星衝突・合体によって供給されたのでしょうか。

これを証明するには、やはりその衝突・合体を一つ観測して、重元素合成の現場をおさえるのが確実でしょう。

科学史に残る2017年8月17日12時41分04秒

重力波アンテナＬＩＧＯ（ライゴ）は、２０１５年の最初の検出以来、何度も重力波を報告しています。それらの重力波は、ダブル・ブラックホール連星系（非正式名称）の衝突・合体という、それまで存在の知られていなかった天体現象から放射されたものでした。

けれども、２０１７年８月17日12時41分04秒（協定世界時）に検出された重力波は、いくつもの異常な特徴を備えていました。（4～5発の重力波イベントから、何が異常で何が正常なのかを決めるのは少々無理がありますが。）

・衝突天体の質量が太陽の２・２６倍以下で、ブラックホールにしては小さい。（中性子星を示唆。）

・重力波に１・７秒遅れて、ガンマ線が到来。（これはガンマ線バーストでもある。）

・続いて可視光も到来して、重力波源の正確な位置を教える。（これで他の観測装置も向けられる。）

この特異な重力波源は、ダブル中性子星連星系の衝突・合体でした。天文・宇宙物理研究者が待ちに待った、中性子星の衝突・合体による重力波の検出です。

あらゆる波長の世界の天文台（のうちＬＩＧＯとお友達関係にあるもの）が一斉にこの重力波到来方向を観測し始めました。それまでの重力波イベントと違い、位置が精確に分かったので、他の観測装置も向けることができたのです。

観測結果は、２０１７年10月16日にこれまた一斉に発表されました。観測データは（予想どおり）中性子星衝突・合体によって重元素が大量生産されたことを示していました。

これは、初めて中性子衝突・合体イベントを重力波とガンマ線によって捉え、鉄より重い元素のいくつかが本当に中性子星の衝突・合体により作られていたことを証明し、史上最大の観測キャンペーンが行なわれた、科学史に残るイベントです。ノーベル賞も期待できます。（これまでガンマ線バースト分野からはノーベル賞受賞者が出ていないので、この分野の貢献者への授与も考えられます。）

こうしてその問題は時代遅れになった

そしてこのイベントは、日本のセンター試験問題にも微妙な影響を及ぼしました。「地学 第6問 A」の選択肢（2）が、間違いといったら言いすぎですが、的外れになってしまったのです。

宇宙空間にただよう鉄より重い元素、約46億年前に地球の原料となって、今も地中に埋まる金銀ウランに白金は、超新星爆発によって作られたものよりも、中性子星衝突・合体によって合成されたものの方が多いようです。

もしも最新知識を踏まえて（2）の選択肢を修正するならば、以下のようになるでしょう。

修正前：超新星爆発によって、鉄より重い元素がつくられた。
修正後：中性子星衝突・合体や超新星爆発によって、鉄より重い元素がつくられた。

実のところ、10月16日の時点でセンター試験の問題はすでに決まっていて、修正は困難でしょう。また修正すると、受験生の学んだ教科書から逸脱することになって、これまた「問題」が生じるでしょう。

教訓ですが、科学の進歩は時には急激で、学んだ知識が一瞬で時代遅れになることもあるのです。

（筆者も科学知識を伝える側として、肝に銘じておかねばなりません。）

ホーキング博士は腰が抜けるほどすごかった

ホーキング、ホーキング放射を発見する

イギリスの宇宙物理学者、スティーヴン・ウィリアム・ホーキング元ケンブリッジ大教授（１９４２年1月8日‐２０１８年3月14日）が亡くなりました。ホーキング博士は、次第に筋力が低下する筋萎縮性側索硬化症（ＡＬＳ）を発症し、病気と闘いながら研究に取り組みました。しばしば「車椅子の宇宙物理学者」などとセンセーショナルに取り上げられるホーキング博士ですが、では彼の物理学への貢献はどのようなものだったのでしょうか。（腰が抜けるほどすごい業績です。）

ブラックホールは、強い重力のために光さえも脱出できない「物体」です。重力の物理学理論である相対性理論から、その存在が予想されます。

そんな奇妙な代物が、果たしてこの世に実在するのでしょうか。その性質は、他の物理

法則と矛盾しないでしょうか。ブラックホールがまだ1個も見つかっていなかった１９６０年代から、ホーキング博士などのブラックホール研究者は、紙とペンを使ってブラックホールの性質を調べてきました。

１９７２年、プリンストン大の大学院生だったヤコブ・デヴィッド・ベッケンシュタイン（１９４７－２０１５）は、大量の紙とインクを消費した末に、ブラックホールが「エントロピー」を持つという珍説を博士論文として発表します。[*1] ブラックホールという奇妙な存在を受け入れた研究者にとってさえ、ベッケンシュタイン博士の主張は常識外れに思えました。

エントロピーとは何かという詳しい説明は略しますが、それは熱と温度に関係する物理量だと述べておきます。もしもブラックホールがエントロピーを持つならば、必然的に温度も持つことになり、温度を持つ物体は温度に応じた光を放射（黒体放射）するはずです。そんな莫迦（ばか）な、とホーキング博士も最初は考え、ベッケンシュタイン博士のアイデアを否定しようとしました。

ホーキング博士は、「量子力学」をブラックホールのエントロピーに応用し、少々計算をしました。そして驚くべき結果を得ました。

ベッケンシュタイン博士の言うとおり、ブラックホールはエントロピーと温度を持つのです。そして、温度を持つブラックホールは微弱な光を放射するのです。

世界を驚かせた「ホーキング放射」の発見です。

ホーキングら、ブラックホール熱力学を創始する

ブラックホールからのホーキング放射は、異常な性質を持っていました。通常の物体は、放射することによって温度が下がり、次第に放射が弱まります。そして周囲と同じ温度になったところで安定します。

ところがブラックホールは放射することによって、かえって温度が上がるのです。ホーキング放射をするブラックホールはどんどん高温になり、それにつれて放射が強まり……しまいには強烈な光を放って消滅してしまう。これがホーキング放射から帰結されるブラックホールの最期です。

1974年、ホーキング博士はこの研究結果を『ブラックホール爆発?』[*2]という、科学論文にしてはずいぶん刺激的な題の論文として発表しました。世間は驚愕しました。それまでの「なんでも吸い込む真っ黒なブラックホール」というイメージは塗り替えられまし

た。

世の研究者は、新しいおもちゃを与えられた子供のように、ブラックホールのエントロピーや温度や放射といった熱力学的性質に取り組みました。ホーキング博士とベッケンシュタイン博士（後にヘブライ大教授）による、「ブラックホール熱力学」という新しい学問分野の創始です。

ちなみに、ブラックホールのエントロピーには「ベッケンシュタイン・ホーキング・エントロピー（Bekenstein-Hawking entropy）」と名前がついていますが、この略称「BHエントロピー」は、「ブラックホール（BH）・エントロピー」の洒落にもなっています。

ホーキング、ビッグバンが計算不能だと証明する

相対性理論から導かれるブラックホールですが、その中心を、相対性理論にしたがって計算しようとすると、時間や空間のゆがみなどに無限大が出てきて計算不能になります。このような計算不能な箇所を「特異点」といいます。ブラックホールの中心は特異点なのです。

一方、この宇宙は約138億年前にビッグバンという大爆発で生まれたと考えられてい

ます。どうやって考えたかというと、これもやっぱり相対性理論を用いて考えられています。宇宙全体も、相対性理論の方程式の解なのです。

そしてホーキング博士は、宇宙の始まりビッグバンの瞬間もやはり特異点であることを証明しました。[*3] ブラックホールもビッグバンも、相対性理論から導かれるにもかかわらず、計算を進めていくと、あるところで相対性理論が使えなくなってしまうのです。

どういうことかというと、相対性理論はまだ不完全な理論で、ブラックホールやビッグバンをきちんと計算するには、新しい完全な物理学理論が必要なのです。

その新しい完全な物理学理論を見た人はまだいませんが、二つのことは分かっています。一つは、その理論は相対性理論と量子力学を組み合わせたものになるということ、もう一つは、それが「量子重力理論」という名前であることです。それ以外は、まあ、あまり分かってないと言っていいんじゃないですかね。(分かってる方がいらっしゃったら教えてください。)

ホーキング博士が研究を始めたころには、ブラックホールが実在するかどうか誰も知りませんでした。「ブラックホール」という言葉さえありませんでした。そんなふざけたものがあるはずがない、机上の空論に過ぎないという研究者も大勢いました。

現在では、ブラックホールから放射された「重力波」をはじめとするさまざまな証拠がそろっています。ブラックホールの実在を疑う人はほとんどいません。

そしてホーキング博士は、1960年代から1970年代にブラックホール研究をリードした、世界最高の研究者だったのです。

ホーキング、タイムマシンを否定する

相対性理論は、ブラックホールやビッグバンを調べるための道具ですが、タイムマシンの研究にも応用できます。タイムマシンは(実現するとしたら)時間と空間をひん曲げるはずで、ひん曲げられた時間と空間は相対性理論で記述されるからです。

ただし研究者は、タイムマシンという言葉は使わず、「閉じた時間的曲線」という一見なんのことだか分からない専門用語で呼びます。「我々は閉じた時間的曲線が存在する条件を調べた」という具合です。

そういう隠語を使う理由はおそらく、タイムマシンの語感が気恥ずかしいためと、「素人」の耳目を惹きつけるのを防ぐためでしょう。カリフォルニア工科大のキップ・S・ソーン教授(1940－)は、論文に[*4]「タイムマシン」という言葉を使ったら、マスコミに

騒がれてえらい目にあったので、以後「閉じた時間的曲線」と書くようにしたそうです。

相対性理論の研究者はタイムマシンの専門家ともいえるのですが、タイムマシンに対する態度は人によって違います。ホーキング博士は強硬な否定派で、タイムマシンが不可能であることを証明する論文『時間順序保護仮説』を書いています。[*5]

『時間順序保護仮説』は、「高度に進んだ文明は時空を曲げて閉じた時間的曲線を作り、過去への時間旅行を可能にするかもしれないといわれている」という、SFのような書き出しで始まります。読者は、ホーキング博士がガチでタイムマシンの実現可能性を議論するものと期待しますが、論文の結論は、トポロジー的手法でも量子力学的手法でも、閉じた時間的曲線は実現できない、というものです。期待した読者はがっかりです。

しかもこの格好いい書き出しは、実は、タイムマシンの製作方法を提案している論文『ワームホール、タイムマシン、弱いエネルギー条件』[*4]の書き出しをそっくり真似たパロディーになっています。こんな洒落を盛り込んだ否定論文を出されたら、もうタイムマシン支持派は涙目です。

ホーキング、宇宙を語る

このように、ホーキング博士は堅苦しい科学の記述にユーモアを紛れ込ませる希有な才能を持っていました。博士の論文には、こういうユーモアや言葉遊びが盛り込まれていて、思わず笑わされます。笑える科学論文を書ける人なんて他にはめったにいません。

博士の文才は論文だけに発揮されたのではありません。博士は多くの一般向け科学解説書を執筆し、1988年の『ホーキング、宇宙を語る』は世界で2500万部も売り上げた超ベストセラーになりました。

しかもこの目も眩むような才能を収めているのは、車椅子に乗ったか弱い肉体なのです。ここまで超人的な活躍をされると、まるで神話か伝説の人物のように思えてきます。

ところで、ホーキング博士の初期からの共同研究者であり、相対性理論のもう一人の大家であるオックスフォード大のロジャー・ペンローズ教授（1931－）が、ガーディアン紙に追悼文を寄せています。[*6] ここにはホーキング博士の不屈の性格や素晴らしい業績とともに、人間的な欠陥についても述べられています。博士は学生にとってミステリアスで怖い師で、怒ると学生の足を車椅子で轢いたことなど、貴重なエピソードも記されています。

博士は無神論者だったので、天国に行くことを祈られるのは不本意でしょう。一つの偉大な頭脳が失われたことを悼みます。

*1—Jacob D. Bekenstein, 1973, "Black Holes and Entropy", Physical Review D, vol. 7, no. 8, p2333

*2—S. W. Hawking, 1974, "Black hole explosions?", Nature, vol. 248, 30

*3—S. W. Hawking, R. Penrose, 1970, "The singularities of gravitational collapse and cosmology", Proc. Roy. Soc. Lond. A., vol. 314, 529

*4—Michael S. Morris, Kip S. Thorne, Ulvi Yurtsever, 1988, "Wormholes, Time Machines, and the Weak Energy Condition", Physical Review Letters, vol. 61, no. 13, 1446

*5—S. W. Hawking, 1992, "Chronology protection conjecture", Physical Review D, vol. 46, no. 2, 603

*6—https://www.theguardian.com/science/2018/mar/14/stephen-hawking-obituary

30年ぶりにニュートリノ天体が見つかった！

幽霊のような素粒子

２０１７年９月、南極の氷を利用するニュートリノ観測装置「アイスキューブ(IceCube)」のチームが、ニュートリノを検出しました。そしてこのニュートリノの放射源が「TXS　０５０６＋０５６」という天体であることを突き止めたと、２０１８年７月13日に発表しました。ニュートリノを放射するニュートリノ天体は、これを含めてまだ３例しか見つかっていません。きわめて稀で重要な発見です。

このニュートリノとは一体全体なにものでしょうか。アイスキューブとはどんな装置なのでしょうか。ニュートリノ天体はどうしてそんなに稀で重要なのでしょうか。

ニュートリノは電荷を持たず、質量が小さく、あるんだかないんだか分からない、存在感の薄い素粒子です。しばしば「幽霊のような」素粒子と呼ばれます。

電子や原子や中性子といった、あるんだかないんだか分からない小さな粒は、宇宙にごまんとありますが、中でもこのニュートリノは特別に影の薄い存在です。

ニュートリノの反応性はきわめて低く、物質に当てても、吸収も散乱も起きず、何事もなかったかのように通り抜けます。厚さ1光年の鉛の塊に当てても、反応せずにスルッと通過するほどです。（「スルッ」と「through（〜を通り抜けて）」をかけた高度なシャレです。）

物質と反応せずに透過するということは、その粒子の検出が困難なことを意味します。粒子検出器というものは、粒子と検出物質との反応を利用して、粒子の存在を知るからです。

検出が難しいため、ニュートリノの研究は簡単ではありません。質量という基本的な性質も、ニュートリノの場合はよく分かっていません。岐阜県の地下にあるカミオカンデとスーパーカミオカンデという検出器のデータによると、質量はきわめて小さいですが、どうやらゼロではないようです。

幽霊のようなニュートリノを検出する手法の一つは、巨大な検出器を用いることです。検出物質を大量に用意することによって、ニュートリノが反応する確率を高めるのです。

スーパーカミオカンデも、ここで紹介するアイスキューブも、大変巨大な装置です。

10万個の太陽ニュートリノが今、あなたの体を通過中

太陽は光で地球を照らし、温めてくれます。そのエネルギー源は原子核反応です。太陽の中心部では、水素の原子核が4個くっついて、1個のヘリウム原子核に変わり、それとともに熱を発生する反応が起きています。この過程でついでに2個のニュートリノが誕生します。正確にいうと2個の反電子ニュートリノですが、本書ではニュートリノと大雑把に呼んでおきます。

誕生したニュートリノは、なにしろ透過力が高いので、太陽中心から太陽表面までの約70万キロメートルをほぼ光速で突っ切り、太陽から地球までの1億5000万キロメートルを500秒で泳ぎ渡り、地球に降り注ぎます。

地球上のあらゆる物体はこの太陽ニュートリノの照射を昼も夜ものべつ幕無しに浴びています。その数は、1秒間に1平方センチメートルあたり約600億個です。ただしそのほぼ全てが、衝突も反応もすることなく、ほぼ光速で透過して飛び去ります。

体積でいうと、1リットルあたり約2000個です。牛乳パック1リットルの中には、

成分表には記載されていませんが、2000個の太陽ニュートリノが添加されています。ただし2000個の全てが、ほぼ光速で通りすぎるばかりで、何の影響も残しません。

あなたの体重がもしも50キログラムならば、体積もだいたい50リットルなので、この瞬間に体内に存在するニュートリノは約10万個です。ただし、ほぼ光速で入れ替わり続けていて、残留するものは1個たりともありません。

検出器の中でニュートリノを何とか反応させ、残留させ、影響を残させる、というのがニュートリノ研究者の実験手法です。

ニュートリノ天文学を創始したカミオカンデ

本題のアイスキューブの前に、もうちょっと寄り道をします。アイスキューブの発見の凄さを理解するために必要な寄り道です。

1987年、岐阜県の神岡鉱山に設置された巨大な水タンク「カミオカンデ」に、宇宙から到来したニュートリノが飛び込んで、10個ほどが検出されました。これは、大マゼラン星雲で生じた「超新星1987A」からのニュートリノでした。世界を驚かせた超新星ニュートリノの検出です。

「(重力崩壊型) 超新星」とは、重めの恒星が寿命の最期に起こす大爆発です。この際、凄まじい熱と光が放射されて銀河を照らしますが、一緒に膨大なニュートリノも放出されます。

実をいうと、超新星のニュートリノの放射エネルギーは、爆発光の数十倍もあるのです。ニュートリノがほとんど物質と反応しなくて幸いです。もしもニュートリノが物質を温めたり変化させたりしたら、近所の星や生命はただでは済まないでしょう。

カミオカンデによる超新星からのニュートリノ検出は、物理学に何重ものインパクトを与えました。地下1キロメートルに設置された水タンクが、16万8000光年先の天体現象を検出する望遠鏡として働いたのです。

これまで人類が天体を観測する手段は、電磁波にほぼ限られていました。ところが1987年、幽霊のような素粒子ニュートリノが観測手段に加わったのです。「ニュートリノ天文学」の始まりです。太陽と超新星1987Aだけ (当時) を対象天体とする天文学です。(天文学には、「太陽観測は天体観測と呼ばない」という伝統があるので、太陽ニュートリノや、太陽由来の宇宙線を観測しても、天文学とは呼びません。)

ニュートリノ天文学は、創始と同時に、超新星爆発にともなって中性子星が誕生する様子を描き出し、超新星爆発の理論的研究を直接に証明し、ニュートリノが質量を持つことを確実にし、ニュートリノ振動という新しい物理現象を支持しました。新しい観測手段で天体を観測すると、物理学がめっちゃはかどるのです。

カミオカンデチームを率いた小柴昌俊・東京大学名誉教授（１９２６－）は２００２年のノーベル物理学賞を受賞しました。太陽ニュートリノを検出したレイモンド・デイヴィス・ジュニア博士（１９１４－２００６）との共同受賞です。

しかし１９８７年以後、天体からのニュートリノはなかなか検出されませんでした。ニュートリノはさまざまな装置でしょっちゅう検出されていて、中には宇宙由来のものも混じっていることは確実なのですが、どの天体からやってきたのかバシッと分からないと、天体を観測したとはいえません。

そうして、太陽と超新星１９８７Aだけが検出された状態で、ニュートリノ天文学は30年が経過しました。

南極の氷を利用した検出器

さてようやく本題です。アイスキューブ（IceCube）はこれまた大規模でユニークな

（ミュー）ニュートリノ検出器です。

ニュートリノの検出物質として用いるのは、南極大陸を覆う厚さ数キロメートルの氷です。氷に深さ2・5キロメートルの縦穴を86本掘り、それぞれに光センサーを60個埋め込みます。

絶えず降り注ぐニュートリノは、厚さ数キロメートルの氷などすかすか通り抜けてしまうのですが、ごく稀に、水分子中の電子や酸素・水素の原子核と衝突反応を起こします。すると生じた光がセンサーで捉えられ、入射したニュートリノのエネルギーや方向が測定されます。

86本の縦穴に埋め込まれた5160個の光センサーが、1キロメートル×1キロメートル×1キロメートルの体積の氷を常に見張り、宇宙から到来する高エネルギーニュートリノを待ち受ける、というのがアイスキューブの仕組みです。1立方キロメートルの氷は約10億トンで、これはスーパーカミオカンデ約2万台に相当します。

アイスキューブは主に全米科学財団の予算によって2010年に建造され、米国ウィスコンシン大学マディソン校などからなる国際チームによって運用されています。

過去最大のニュートリノ天体

２０１７年9月22日20時54分30・４３秒（協定世界時）、アイスキューブが1発のニュートリノを検出しました。２９０TeV（テラ電子ボルト）という超高エネルギーです。この検出イベントは「IceCube-170922A」と名づけられ、警報（アラート）が世界に送られました。

広島大学の「かなた望遠鏡」で、ニュートリノ到来方向（の誤差範囲内）にある7個のブレーザー（後述）を観測したところ、ブレーザー天体「ＴＸＳ ０５０６＋０５６」に変動が見つかりました。

一方、「フェルミ」というガンマ線観測衛星は地球を周回しつつ空からのガンマ線を見張っています。かなたからの情報を受け、その観測データを調べたところ、ＴＸＳ ０５０６＋０５６のガンマ線放射が微妙に高まっていることが分かりました。

ニュートリノ到来方向には無数の天体がごちゃごちゃ浮いていて、そのどれが本物のニュートリノ発生源なのか、それだけで決めることは困難です。しかし「ブレーザー」「放射が変動」というヒントがあると、ニュートリノの発生源はこの天体では、と推定できます。

TXS 0506+056は、太陽と超新星1987Aに続く、3番目のニュートリノ天体ということになります。観測されたニュートリノのエネルギーはこの中で最大、けた違いに大きなものです。

天文業界高エネルギー勢は、がぜん沸き立ちました。アイスキューブの報告するイベントが天体現象と関連づけられたのは初めてのことです。あらゆる波長のさまざまな望遠鏡が、これまで注目されたことのない天体TXS 0506+056に突きつけられました。

特殊な超巨大ブラックホール「ブレーザー」

①遠方の銀河内の超巨大ブラックホールで
②「ジェット」と呼ばれる、光速に近い速度のプラズマ噴射を行ない
③そのジェットがこちらを向いている

ものを「ブレーザー」といいます。大変特殊な天体ですが、なにしろ宇宙は広いので、これまで数千個のブレーザーが見つかっています。

超巨大ブラックホールに恒星などが呑み込まれる時には、恒星がぐちゃぐちゃに壊され

て熱せられ、その物質の一部がジェットとなって吹き飛ばされます。
そして、その光速に近いジェットを真正面から覗き込むと、相対論効果によって、ジェットからの放射が強調されて観測されます。救急車のサイレン音が大きくなるドップラー効果の宇宙版です。

今回の結果が示唆するように、もしも超高エネルギーのジェット噴流の中で、何らかの機構によりニュートリノが作られたならば、そのエネルギーも相対論効果で強調されて観測されます。290TeVという超高エネルギーはそうして説明できると思われます。

この解釈が正しいかどうかは、今後ニュートリノ天体の観測例が続々と集まることによって、検証されるでしょう。

それにしても、普段全く気づかれずに私たちの体を通過しまくっているニュートリノを、南極に設置された奇妙な装置で捕まえることができて、すると遠方銀河の超巨大ブラックホールが見えちゃったとは、何だか途方もなくてわくわくする話じゃないですか。

第3章 重力波検出

重力波がＬＩＧＯを揺らし、宇宙業界は揺れに揺れた

奇妙な信号に研究者は大興奮！

２０１５年９月14日９時50分45秒（協定世界時）、人類の観測装置が初めて「重力波」を捉えました。

アメリカにある２台のレーザー干渉計重力波観測装置「ＬＩＧＯ（ライゴ）」が、宇宙から到来した重力波を検出したのです。

得られた重力波は、２個のブラックホールが衝突・合体した場合に予想される波形と合致しました。

２個のブラックホールが約13億年前に合体し、そのすさまじい衝突によって放射された重力波が13億年かかって私たちの銀河系に到達し、ごくわずかにＬＩＧＯを揺るがし、検出されたのです。世界の研究者は狂喜乱舞しました。

さて、どこかの装置が奇妙な信号を受信したことが、どうして大ニュースなのでしょう

か？ 研究者はどこに興奮しているのでしょう？ そのポイントを解説しましょう。

驚き① アインシュタインのすごさがまた証明された

相対性理論は20世紀初めにアルベルト・アインシュタインが作り上げた重力理論です。相対性理論によると、私たちの住むこの時間と空間（合わせて「時空」）は、微妙に伸びたり、しわが寄ったりするのです。

そのしわが寄った時空を物体が横切る際には、真っ直ぐ進めずに軌道が曲がり、すなわちこれが重力に引かれた物体の運動だというのです。

時間と空間にしわが寄るとは、考えると脳にしわが寄りそうな奇妙な主張ですが、相対性理論は太陽の近くを周回する水星の軌道などをうまく計算できました。重力がきわめて強いところの物体の振る舞いは、ニュートンの万有引力の法則では説明できず、相対性理論が必要になるのです。

相対性理論は、その後に見つかった中性子星、ブラックホール、超新星や、今回の重力波などの現象にも適用され、今なおその有効性は揺らぐことがありません。

このような完成度の高い独創的な理論をほぼ独力で完成させた天才アインシュタインに

は改めて驚かされます。

驚き② 重力波を検出できるほど精巧な実験装置

重力波はきわめて微弱な波動です。ＬＩＧＯは検出部の長さが４キロメートルある巨大な装置ですが（図19参照）、重力波によって、この検出部の長さが〝原子のサイズの１０００万分の１のそのまた１０００分の１〟程度変化します。重力波が検出部を通過すると、微妙に空間が伸び縮みし、検出部の長さの変化となって現れるのです。

この、あるんだかないんだか分からないような、わずかな変化の検出には、非現実的なほどの超高精度が必要です。そのため研究者の誰もが「自分が生きてるうちは無理かな……」と思っていたのですが、それが本当に成功するとは！　というのが驚きです。

重力波研究グループは、頑丈な地盤に巨大な実験施設をきわめて精密に建造し、振動をおさえ、低温に冷やして熱雑音を取り除き……その他限りない工夫をこらします。それでも発生する雑音の原因を探り、改善する作業を何年も行ない、次第に装置の感度を上げていきました。

その果てしないとも思えた努力が今回の成果として実ったのです。

図19 レーザー干渉計重力波観測装置「LIGO」

写真上：ルイジアナ州のLIGO Livingston、下：ワシントン州のLIGO Hanford。4kmの腕がそれぞれから2本延びている。

提供：Caltech/MIT/LIGO Lab

驚き③ ブラックホールは本当にあったんだ！

ブラックホールは、しばしばＳＦに登場するので名前は有名ですが、その正体は超強大な重力を持つ天体です。その強い重力のために光さえも脱出できず、真っ黒に見えます。これもまた相対性理論から導かれる常識外れの存在です。

あまりに常識外れなので、その実在を疑う研究者も大勢いました。ブラックホールの研究は、「そんなふざけたもんあるわけないだろ」という否定派を、状況証拠の積み重ねで説得してきた歴史があります。

これまでの証拠は、ブラックホールに落ち込む高温ガスが形成する「降着円盤」といった周辺の現象が主で、ブラックホールを直接観測したものではありませんでした。本体は光も出さないのだから、仕方ありません。

しかし、今回の重力波はブラックホール本体から放射された直接証拠です。もう存在を疑うことはできません。ブラックホールは実在したのです。

驚き④ 今まで見つからなかった中規模のブラックホールだった

これまで発見されたブラックホールらしき天体は、太陽質量の10倍程度の小さめの「恒星質量ブラックホール」か、あるいは太陽の質量の100万倍〜1000億倍の「超巨大ブラックホール」という両極端の2種類がほとんどでした。

中間の存在は、いくつか特殊な観測例があるものの、なにしろ光を出さないので基本的に発見不能で、謎に包まれていました。

今回の発見は、太陽質量の29倍と36倍のブラックホールが合体し、62倍のブラックホールになった、というものです。ちなみに、29と36を足すと62より多くなるのですが、消えた分は重力波のエネルギーになって放射されてしまいました。(151〜152ページでもう少し詳しく述べます。)

太陽の数十倍程度の中間型ブラックホールの存在が、急に2個(または3個)明らかになり、これまでの天体カタログに加わったわけです。

そうなると、今までほとんど見つかっていない、太陽質量の数十倍〜数万倍のものが宇宙にゴロゴロしている可能性が浮上しました。しかもそいつらはボカボカ衝突してしょっちゅう重力波を放射しているのかもしれません。将来の研究に、大変期待が持てます。

驚き⑤ いきなり「重力波天文学」が始まった

今回、たった1発の信号から、重力波を放射したブラックホールの質量と時間と距離がばっちり計算できてしまいました。初っ端から高品質な研究結果です。

これにより、重力波信号が豊富な情報を含んでいることが明らかになりました。重力波観測装置はそれを詳細に調べる望遠鏡です。

2019年現在、スペインにある3台目の重力波観測装置が同時観測を行なっています。また今後、日本の「KAGRA」などの新たな装置が稼働予定です。人工衛星や人工惑星を使う大胆な計画も進められています。

複数の重力波観測装置があれば、重力波源の位置が分かります。可視光やX線など、他の波長の望遠鏡を向けて観測が可能でしょう。

そして、ブラックホールの他にも、さまざまな天体が重力波を出しているのが見つかるでしょう。

これまで予想もしなかった未知の重力波源も発見されるかもしれません。

こうなると、重力波望遠鏡を用いる新しい天文学が始まったといえます。今回の重力波信号は、たった1発で重力波天文学を創始したのです。

ＬＩＧＯがノーベル物理学賞を受賞

ＬＩＧＯと重力波にまつわる数字トリビア

２０１７年10月3日、２０１７年度のノーベル賞が発表されました。医学・生理学賞は「体内時計を制御する分子機構の発見」に対して、物理学賞は「レーザー干渉計重力波検出器ＬＩＧＯと、最初の重力波検出」に対して、化学賞は「クライオ電子顕微鏡の開発」に対して与えられました。

文学賞、平和賞もあわせて全て紹介したいところですが、ページ数の限りもあるので、ここでは物理学賞について解説します。

ノーベル賞受賞を祝して、ＬＩＧＯにまつわるトリビアを6～7発、紹介しましょう。

太陽3個分の質量をエネルギーとして放射

ＬＩＧＯの受信した重力波を詳しく解析したところ、太陽36個分の質量を持つブラックホールと、29個分の質量のブラックホールが衝突したことが判明しました。ふたつのブラックホールは合体し、太陽62個分の質量のブラックホールになったことも分かりました。

この足し算は、なんだか計算が合いません。36と29を足すと65になるのではないでしょうか。太陽3個分の質量はどこへ行ったのでしょう。

消えた質量は重力波のエネルギーとなったのです。

相対性理論によると、エネルギーEと質量mは等価で、両者には「$E=mc^2$」という関係があります。cは光速です。この衝突からは莫大なエネルギーが重力波として宇宙空間に放射されましたが、そのエネルギーを質量に換算すると太陽3個分に相当するのです。

この瞬間、宇宙に見える全ての星の光を合わせたよりも明るい重力波で宇宙は照らされました。

検出からノーベル賞まで2年

重力波は2015年9月14日に検出され、その結果は2016年2月16日に発表されて世界を驚かしました。そして2017年10月3日にはノーベル物理学賞受賞が発表されました。検出から2年、発表から1年8カ月という異例の早さです。

ノーベル賞は選考に時間をかけることで有名で、大発見や大発明があっても、受賞まで何年も何十年もかかるのが普通です。若いころに成果を挙げた研究者が、すっかり業界の長老になってから、受賞することも珍しくありません。

短期間で受賞した例をこれまでの宇宙物理学分野で探すと、1974年、中性子星という特殊な天体の発見に対する授与があります。これは発見から受賞まで7年です。

今回の選考は、これを大幅に短縮するものです。どれほど重力波検出が衝撃的だったかが、うかがわれます。

ちなみに受賞まで長期間かかった例には、1983年のスブラマニアン・チャンドラセカールの受賞があります。チャンドラセカールは1932年に「チャンドラセカール限界質量」の理論を発表しており、受賞まで実に半世紀かかっています。

論文著者が1013人

重力波初検出を報告する論文『ブラックホール合体からの重力波の観測』[*1]には、著者が1013人います。著者リストは膨大で、1ページには収まりません[*2]。

これはチームの全メンバーがアルファベット順に並べられているためです。大きなグループによる研究成果の発表は、しばしば長大な著者リストを伴います。

その後、ＬＩＧＯチームとチーム外の協力者はさらに増え、著者リストはどんどん長くなる傾向があります。重力波と他の望遠鏡の共同観測論文は、何千人もの著者を持つことになるでしょう。

ＬＩＧＯ建設開始から本格稼働まで21年

ＬＩＧＯが重力波を検出するまでには長い努力が必要でした。

レーザー干渉計を用いる重力波検出実験は、１９６０年代から試みられていました。今回の受賞者の一人、マサチューセッツ工科大（ＭＩＴ）のレイナー・ワイス教授は初期のパイオニアです。（パイオニアには他に、『竜の卵』などで知られるＳＦ作家ロバート・Ｌ・フォワードなどがいます。）また同じく今回の受賞者であるカリフォルニア工科大（カルテク）のキップ・Ｓ・ソーン教授は、１９７０年代から実験を行なっていました。

ＬＩＧＯ計画はワイス教授とソーン教授を含むグループで始められ、１９８４年に予算がつけられ、プロトタイプの開発が始まりました。１９９０年にＬＩＧＯ計画は3億ドルの予算（最終的には10億ドル）を獲得し、１９９４年には本格的な建造が始まりました。同時に、３人目の受賞者であるカルテクのバリー・Ｃ・バリッシュ教授が所長に就任しました（２００５年まで）。

１代目のＬＩＧＯは１９９９年に竣工し、２００２年に稼働を始めました。ただし、１代目は試作品で、本物の重力波を検出する能力はありませんでした。

ＬＩＧＯはアップグレードされ、２代目ＬＩＧＯ（現在のＬＩＧＯ）として生まれ変わりました。２代目ＬＩＧＯは２０１５年に稼働を開始しました。１９９４年の建造開始から実に21年を要したのです。

重力波検出は観測開始の2日前

実は、重力波初検出はＬＩＧＯの試験運用中のことでした。２代目ＬＩＧＯの本格運用の前に、試験運用が行なわれていたのです。

本格運用を２日後に控えた２０１５年９月14日、本物の重力波が飛び込んできた時、それはチームにとっても予想外で驚きだったのです。

この記念すべき重力波シグナルには「ＧＷ１５０９１４」と名がつきました。２０１５年９月14日にやってきた重力波という意味です。

これまで検出された重力波イベントは11件

ＬＩＧＯの第１期の本格的観測は２０１５年９月から２０１６年１月まで行なわれました。この間にＬＩＧＯは、ＧＷ１５０９１４に加え、もう２件の重力波信号ＧＷ１５１０１２とＧＷ１５１２２６を検出しました。いずれも太陽質量の数十倍のブラックホールが衝突・合体することによって生じた重力波と考えられています。

ＬＩＧＯの第２期観測は２０１６年11月から２０１７年８月まで行なわれました。この時には、初の中性子星の合体・衝突イベントＧＷ１７０８１７を含む、８件の重力波信号を検出しました。

第１期と第２期合わせて11件ということは、実に１カ月に約１件の高頻度です。

そんな大質量のブラックホールが宇宙にたくさんあって、こんなに頻繁にがっしゃんがっしゃん衝突事故を起こしているとは、観測してみるまで誰も知りませんでした。宇宙は常に人類の貧弱な予想を超えてきます。だから観測天文学は面白いのです。（さらにいえば、１カ月に１件なら、ＬＩＧＯチームの大学院生は博士論文のテーマに困りません。実に宇宙は親切です。）

今後のノーベル賞は「？本」

ＬＩＧＯは初検出以後も、着実に重力波を検出し、今まで見ることのできなかった宇宙の姿を明らかにしつつあります。

重力波天文学という新しい天文学が始まったのです。

２０１７年からはスペインのピサにある３台目の重力波検出装置が観測ネットワークに参加し、早速成果を挙げています。また、人工衛星を使った野心的な計画「ＬＩＳＡ」も進行中です。

重力波天文学の分野は、これからがんがんノーベル賞を生産することが期待されます。

２０１７年は、その最初の年として記憶されることでしょう。

＊1—The LIGO Scientific Collaboration, the Virgo Collaboration, 2016, Phys. Rev. Lett. 116, 061102

＊2—参考・１０１３人の著者を持つ論文　http://ads.nao.ac.jp/abs/2016PhRvL.116f1102A

重力波観測で原子核がわかってくる

日本のグループが新粒子「ダイオメガ」の存在を予言

今回は「スパコンと原子核と重力波」の話です。一見、無関係なこの三つのテーマは、研究の先端でどのように融合するのでしょうか。

２０１８年5月24日、「ＨＡＬ ＱＣＤコラボレーション」という研究グループが記者発表を行ない、新粒子「ダイオメガ（ΩΩ）」の存在を予言しました。[*1]

ＨＡＬ ＱＣＤコラボレーションは、理化学研究所、京都大学基礎物理学研究所、大阪大学核物理研究センターなどの研究者からなるグループで、「ＨＡＬ ＱＣＤ」は「Hadrons to Atomic nuclei from Lattice QCD」の略です。（うっすらと駄洒落の香りがただよう略称です。）

このダイオメガとはどんな粒子でしょうか。どこに存在するというのでしょうか。

「ストレンジクォーク」という素粒子が３個合体すると「Ω(オメガ)粒子」というものになります。オメガ粒子は１９６４年に発見済みです。どこに発見されたかというと、アメリカはブル

図20 存在が予言されたダイオメガ粒子

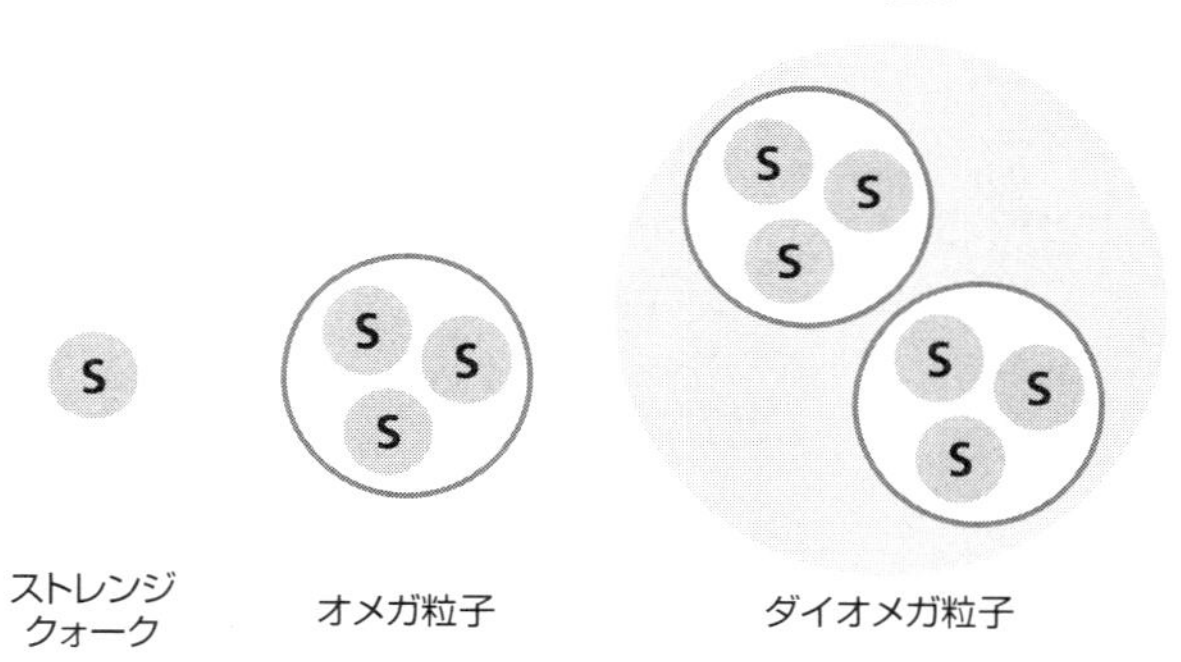

ストレンジクォークが3個合体したものがオメガ粒子。さらに2個のオメガ粒子が合体したのがダイオメガ粒子。

ックヘブン国立研究所の粒子加速器の中です。粒子の衝突によってオメガ粒子が生成し、100億分の1秒ほどこの世に存在した後、消滅してまた他の粒子に変わりました。

今回の発表によると、このオメガ粒子を（粒子加速器を用いて）２個合体させると、ダイオメガという粒子になるだろうというのです。

粒子の合体が予言できたら何に役立つか

この成果はどれほど重要なのでしょうか。粒子が合体するかどうか予言できたら、それがどれほど役立つのでしょうか。

素粒子「クォーク」３個からなる、オメガ粒子のような粒子を「核子」とか「バリオン」といいます。バリオン同士をやみくもにぶつけても、うまく合体するとは限りません。例えば、「陽子」というバリオンは、２個ぶつけてもうまく合体せず、ダイ陽子はできません。また、別のバリオン「中性子」同士もうまく合体しません。

けれども陽子と中性子をぶつけてやると、合体して「重水素（の原子核）」というものになり、これは安定です。

どのバリオンの組合わせだとうまく合体して、どの組合わせだとうまくいかないのかは、大変重要な研究テーマです。これがもし予測できれば、それにしたがって粒子加速器をぶん回して粒子をぶっつけて、すると新粒子や新元素がチンジャラ転がり出て確変に入ってノーベル賞が連チャンです。（パチンコを知らない筆者によるイメージです。）

スパコン「京」でばりばりと3年計算

バリオンが合体するかどうか、ダイオメガ粒子や新元素ができるかどうかを予測するには、バリオンを構成するクォークや、クォーク同士を結びつける「グルーオン」の振る舞いを知る必要があります。

ダイオメガ粒子の計算と元素合成の計算は、かなりアプローチが違うのですが、ここは

「格子ゲージ理論」とか「Lattice QCD」と呼ばれる手法について説明します。天気予報に似た（ところもちょっとある）計算手法です。

コンピューターを用いて天気予報を行なうためには、対象となる地域を無数の格子に分割し、各格子の温度や気圧などの物理量の時間変化を、流体力学の方程式を用いて計算します。そうすると、原理的には今日の状態から明日の天気を予測できます。

格子ゲージでは、対象となる空間（原子核内部のような狭い領域）を無数の格子に分割し、各点での、クォークやグルーオンの状態を表わす量の時間変化を、「量子色力学」を用いて計算します。天気予報とは比べ物にならない複雑な計算です。

今回の研究では、一辺8・1フェムトメートルの立方体空間を、96×96×96＝884万7360個の格子に分割しました。時間方向も分割するので、格子の数は96の4乗になります。1フェムトメートルは1000兆分の1メートルで、一辺8・1フェムトメートルの立方体というと、原子核よりも大きい広大な領域です。

この広大な時空を埋める約8500万個の格子の状態を、理研のスーパーコンピューター「京」の腕力でばりばりと計算したのですが、それでも3年かかったということです。

バリオンやクォークのために考え出された量子色力学は、計算機による格子計算と本質的に相性がよく、コンピューター技術と量子色力学は、歩調をそろえて仲良く進展してきたのです。

半世紀ほど進展し続けた結果、現在では、スパコンを3年使えばバリオン2個が計算できるようになりました。これから先が期待されます。

異常な天体・中性子星と原子核の構造は似ている

原子核やバリオンの振る舞いを計算する格子ゲージ理論の手法は、何光年も離れた全然別の研究対象にも使えます。「中性子星」の構造です。

中性子星は、何度も登場しましたが、超高密度の異常な天体です。中性子星から1立方ミリメートルの砂粒ほどのかけらを取り出すと、質量は40万トン～100万トンという訳の分からない数字になります。こんなとんでもない超高密度のものは地球上には存在しない、と言いそうになりますが、実はそこら中にあります。原子核です。

中性子星内部は、原子核と似た密度を持ち、バリオンやクォークやグルーオンがひしめき合い、ぶつかり合ったり合体したりしていると考えられています。ストレンジクォークなど、太陽系に存在しない素粒子も、中には混じっているかもしれません。実験室では1

００億分の１秒で消滅するオメガ粒子などの奇妙なバリオンも、中性子星内部では安定かもしれません。

中性子星を巨大な原子核だと見なし、原子核の理論を当てはめることによって、中性子星物質の圧力と密度の関係を求めることが（ある程度）できます。この関係は「状態方程式」と呼ばれ、中性子星の半径や質量に影響を及ぼします。

言い換えると、原子核理論に基づいて中性子星物質が硬いか軟らかいか計算し、そこから中性子星の質量と半径の関係式を決めることができるのです。

（ただし現状では、格子ゲージ理論の計算を実行して、正攻法で中性子星物質の状態方程式を計算すると、現実の中性子星の観測値から掛け離れた値が出てきます。もうちょっとの進展が必要なようです。）

天文学分野と原子核分野はともに進展していく

さて、重力波検出器ＬＩＧＯによる重力波検出と、宇宙物理学の書き換えについては、何度か紹介してきました。重力波イベントＧＷ１７０８１７の検出は、２個の中性子星の衝突・合体を捉えた画期的な成果でした。

２０１８年５月30日には、ＬＩＧＯチームから続報がありました。ＧＷ１７０８１７のデータを解析することによって、中性子星の半径を11・９±１・４キロメートルと精密に測定することに成功した、というものです[*2]。

この測定結果は衝撃的です。こうして実際の中性子星の半径と質量が精密に測定されれば、中性子星内部について情報が得られ、どの理論計算が正しいのか見当がつきます。どうも観測に合うのは、かなり軟らかい状態方程式のようです。これで、いくつもの中性子星内部の理論が不合格になりました。

観測に合わない理論は、観測に合うように修正しなければなりません。重力波観測に刺激され、原子核理論に新しい展開が期待されます。天文学分野と原子核分野が相互に進展するところが見られそうです。

（今のところ、量子色力学や格子ゲージ理論は、重力波観測によって検証されるほど精密な予言をしていないのですが、この分野も将来は重力波天文学と手を携えて進展すると期待したいです。）

それにしても、２０１５年の重力波の初検出からほんの２〜３年で、重力波は宇宙論から原子核内部の物理まで、至るところで研究分野を革新している印象があります。世界を覗くとんでもない性能の望遠鏡を、どうも人類は手にしたようです。

＊1―Shinya Gongyo, Kenji Sasaki, Sinya Aoki, 2018, Physical Review Letters, vol. 120, 212001
＊2―B. P. Abbott et al., 2018, to be appeared in Physical Review Letters

第4章 喜びと哀しみの「ひとみ」

30年来の期待を乗せた日本のX線天文衛星
――2016年3月17日

世界最高の宇宙X線観測衛星

重力波検出のビッグニュースが世界を驚かせたころ、実はそれと前後して、もう一つの重大宇宙ニュースがこの日本から発信されていました。研究者や天文・宇宙ファンの間では、すでに大きな話題となっていましたが、一般的にはそれほど知られていないかもしれません。

2016年2月17日、種子島宇宙センターからH－ⅡA（「エイチツーエー」と読むと通に見られます）ロケット30号機が打ち上げられました。

H－ⅡAロケット30号機は、ペイロード（積荷）として搭載したX線天文衛星「ASTRO-H（アストロ）」を、予定どおり高度574キロメートル～575キロメートルの軌道に投入しました。

図21 H-IIAロケット30号機／X線天文衛星「ひとみ」（ASTRO-H） 打ち上げ

提供：JAXA

ＡＳＴＲＯ－Ｈは X 線天文学の分野で世界最高の性能を持つ宇宙 X 線観測衛星です。これまでの１００倍の感度を持ち、約80億光年先の活動銀河核も観測することが可能です。今回、同時に３機の小型副衛星と８機の超小型衛星も軌道に投入しました。

科学衛星は打ち上げに成功してから名前がつけられる伝統があります。軌道に乗ったＡＳＴＲＯ－Ｈは「ひとみ」と命名されました。関係者もうれしそうです。

しかし今後は観測装置のチェックと立ち上げ、機器の性能を引き出すための較正（こうせい）、運用等々、やるべきことが山ほどあります。衛星チームはまだまだ気が抜けません。

ところで「X線天文衛星」とはいったい

何をするものなのでしょう。そして「ひとみ」にはどんな成果が期待されているのでしょうか。

なぜ「X線」の「衛星」なのか

X線、別名レントゲン線は、100年以上前から、病巣や骨折部位などを撮影するのに使われています。空港では手荷物や郵便物をX線で透視します。そういう医療や産業における利用のほか、実は宇宙の謎を解き明かすのにも役立っています。

X線の正体はエネルギーの高い電磁波です。目に見える「可視光」も電磁波の仲間ですが、X線とはエネルギーが違います。X線の光子1個のエネルギーは可視光の光子1000個から100万個分ほどです。

これほどエネルギーが違うと、電磁波としての性質も全く違います。可視光ならば吸収されてしまう不透明な物体をX線がすかすか通り抜けたり、あるいは可視光が通り抜ける透明な物体をX線が透過できなかったりします。

例えば可視光はヒトの目の中の細胞に吸収されます。そのためヒトは可視光を見ることができます。ところがX線はヒトの目をすかすか通り抜けるので、私たちは見ることができません。（X線を発見したヴィルヘルム・レントゲンは、X線を直接目に当て、微弱な光を感じたと報告しています。しかし、これは危険な実験で現在では追試ができません。X線が実際にどう見えるかは、当分の間、確かめられないでしょう。）

また「空気」という物質は、可視光が何十キロメートルも楽々と透過するほど透明ですが、意外にもX線をさえぎります。

私たちは厚み約10キロメートルの空気の層の底に住んでいますが、宇宙からX線がやってきてもこの空気の層にさえぎられ、地表に届きません。1メートル〜2メートル先ならばX線もなんとか透過しますが、10キロメートルは無理です。

ですから、宇宙からやってくるX線を観測し、「X線天文学」をやるならば、観測装置を厚み10キロメートルの空気の層の上に持ち出さないといけません。これが、X線天文学に「衛星」が必要な理由です。（気球を使う手法もあります。）

可視光とは全然違う宇宙の姿が見える

３００年間ほど可視光で天体観測していた人類は、１９６２年に初めてX線で宇宙を見て驚きました。知らない種類の星がたくさんあったのです。また、知っている天体も全然違う顔をしていたのです。X線で見た宇宙は煌々と輝き、チカチカ瞬き、ときには爆発していました。

エネルギーの高いX線光子は、超高温・超高エネルギーの天体現象によって放射されます。X線で観測すると、粒子やガスが光速に近い速度で宇宙を飛び交い、電場や磁場とぶつかり合う、凄まじい光景が見えるのです。

これまで、X線観測によって、信じられないような天体が見つかり、物理の常識が書き換えられるような発見がなされてきました。

最初に見つかったX線天体は高密度の異常な天体「中性子星」でした。こういうもののすぐそばに普通の恒星があり、そこから恒星のガスが流れ込む状況では、中性子星はX線を出すほどの高熱を生じるのです。

ブラックホールは中性子星よりもさらに異常な代物です。重力が強すぎて、光さえも脱出することができないのです。ただし、ブラックホールに引き寄せられるガスは盛大にX線を放射して、X線観測装置に引っかかります。こうして宇宙には大小無数のブラックホールが存在することが分かりました。

可視光だと空っぽに見える空間にX線望遠鏡を向けると、実はそこには過去に爆発した超新星の残骸がありました。

あるいはそこに、高温のガスが正体不明の重力源に引かれて集まっているのが見えました。この正体不明の重力源は、可視光もX線も何も出さない「見えない物質」なので、「暗黒物質（ダークマター）」と呼ばれます。人類に知られていない未知の素粒子ではないかと考えられています。

可視光では観測できないこういう現象・天体を捉えるのに、X線天文衛星は欠かせない道具なのです。

X線カロリメータへの30年越しの期待

さて、今回打ち上げられた「ひとみ」には、ユニークで優れた4種のX線・軟ガンマ線観測装置が搭載されています。（「ガンマ線」の中でもエネルギーが低いガンマ線を「軟ガンマ線」と呼びます。）

そのうち「SXS（Soft X-ray Spectrometer）」は空前絶後の高精度でX線光子のエネルギーを測定することができるX線分光検出器です。X線光子のエネルギーを熱に変えて測定する「X線マイクロカロリメータ」と呼ばれる装置です。

図22　打ち上げ前の「ひとみ」

提供：JAXA

　X線のエネルギーを精密に測定できれば、それを放射する天体の元素組成が分かり、温度が分かり、質量が分かり、密度が分かり、速度が分かり、距離が分かり、年齢が分かり……その他、どうしてそんなことが分かるのか傍目にはちょっと見当がつかないさまざまな物理情報が手品のように引き出されるのです。（ドップラー効果を測定することにより、天体の後退速度、公転速度、ガスの膨張速度、運動速度、熱運動の速度などがわかると期待されます。）

　X線カロリメータを打ち上げる案は1980年代からありましたが、アメリカの計画は変更され、X線天文台「チャンドラ」には搭載されませんでした。

そして、カロリメータは日本のX線天文衛星に搭載されることになりました。しかし、2000年のASTRO－Eの打ち上げは失敗し、2005年打ち上げのASTRO－E2（X線天文衛星「すざく」）のカロリメータは不具合のために機能しませんでした。

だからこそ、今回の「ひとみ」のX線カロリメータには、30年来の世界の研究者の期待がかかっているのです。今度こそ、驚くような観測結果を見せてくれるでしょう。

「ひとみ」に何が起きたのか
——2016年4月26日

異常が発生し、通信が途絶

2016年2月17日（日本時間）に打ち上げられたX線天文衛星「ひとみ」について、前述しました。

しかし続報はきわめて痛ましいものになりました。観測機器が順調に立ち上がり、試験的な天体観測を始めた直後の3月26日、軌道上のひとみに異常が発生し、通信が途絶しました。

地上のレーダーや望遠鏡をひとみに向けたところ、いくつもの破片が飛び散り、本体はくるくる回転していることが分かりました。（人工衛星のトラブルの状況がこうして地上から観測されるのは異例です。）過去の科学衛星が経験したことのない、深刻で過酷な事態です。

人工衛星は飛行機と違い、何かあっても地表に墜落はしません。軌道を周回することが、すなわち落下の状態だからです。したがってひとみは現在も地球を周回しています。ひとみが基地局の上空を通過するたびに、通信が試みられていますが、今のところひとみからの電波は受信できていません。

いったいどんなトラブルがひとみを見舞ったのでしょうか。

第1段階：姿勢の判断を誤り、ゆっくり回転していると誤認

JAXAは4月15日、ひとみに起きたトラブルが推定できたと発表しました。ここではその発表を、分かりやすく解釈して説明します。

ひとみに限らず、人工衛星が正しく機能するためには、衛星の姿勢、つまりどちらを向いているかという情報が大変重要です。望遠鏡を観測対象の天体に向けなければ観測はできません。また、太陽電池が太陽の向きからずれると電力を失い、これは衛星の安全に関わります。衛星は姿勢を常に知り、制御する必要があるのです。

ひとみは通常、「スタートラッカ（STT）」と「慣性基準装置（IRU）」という装置を用いて姿勢を判断します。スタートラッカは星を写すカメラで、写った星とメモリ上の星図を照らし合わせて、現在の姿勢を判断します。人間に譬（たと）えると、目で周囲を見て自分

の姿勢を判断することに当たり、これで精確に姿勢を知ることができます。

しかしひとみは約100分で地球を周回しているので、スタートラッカの視野は周期的に地球でさえぎられ、使えなくなります。スタートラッカが使えない間、慣性基準装置だけで姿勢を判断することになります。

慣性基準装置はひとみの回転を測定し、これを基に現在の姿勢を計算します。人間だと、平衡感覚をつかさどる三半規管でしょうか。スタートラッカが使えず慣性基準装置だけで姿勢を判断している状況は、人間が目をつぶって平衡感覚だけで姿勢を判断しているのに相当します。

しかし慣性基準装置の測定値は、時間が経つとだんだん実際の値とずれていく性質があります。そこでスタートラッカが使える時には、その情報を用いて、慣性基準装置の誤差を修正します。長い間目をつぶっていると実際の姿勢が分からなくなってくるので、目を開けて姿勢を知るわけです。

ＪＡＸＡの推定によると、異常が始まったのは3月26日4時10分以降です。この時、それまで地球に邪魔されていたスタートラッカが機能するはずでしたが、何らかの理由により、すぐに動作を停止したようです。そのため、慣性基準装置の誤差は修正されないまま

図23 地上のすばる望遠鏡で撮像した軌道上のひとみ

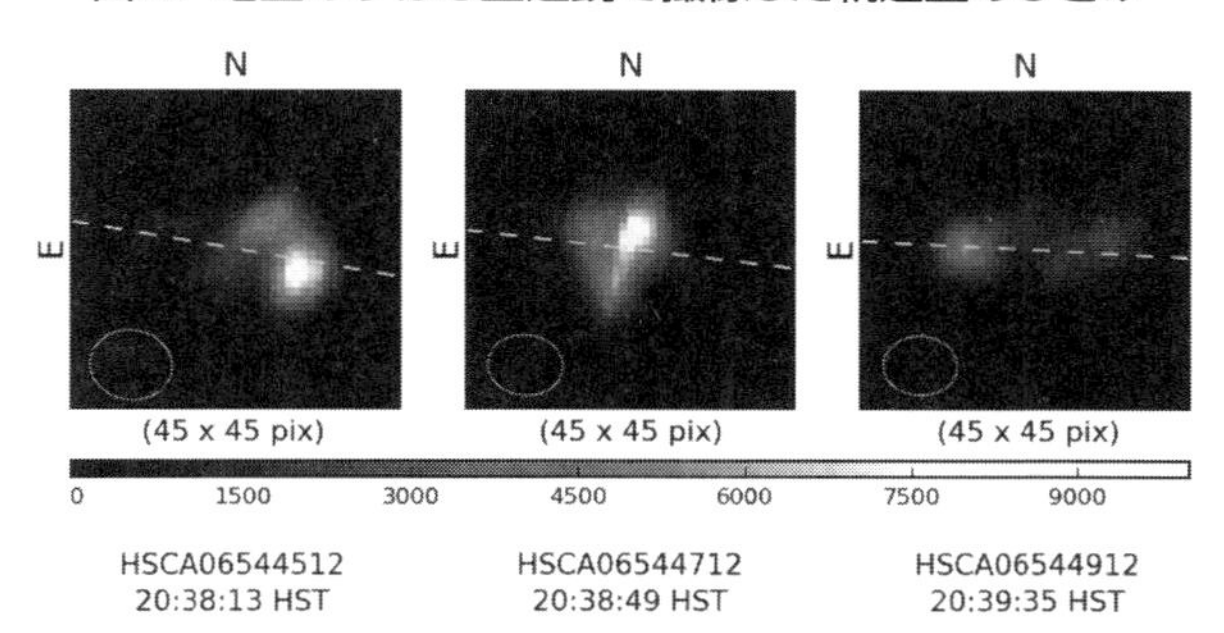

約40秒間隔で3枚撮像。ひとみが回転しているため、角度と形が変化して見える。（姿勢が安定しているなら、全て同じ姿に見えるはず。）

提供：JAXA、撮影：国立天文台すばる望遠鏡

となりました。

スタートラッカは4分後には機能を再開したようですが、ひとみのロジックが少々奇妙な判断をした結果、以後、スタートラッカの情報は無視されます。

そしてひとみが目を使わないで頼った慣性基準装置は、ひとみが回転していると誤認します。約3時間で1回転する程度のゆっくりした回転です。

第2段階：「回転を直した」結果、逆方向に回転

衛星が回転していると誤認したひとみは、それを直そうと、逆方向にゆっくり回転しました。

これは、常に太陽に向けていなければならない

太陽電池に光が当たったり当たらなくなったりする、大変危険な事態です。もちろん観測もできません。

ひとみは危険な状態に陥っていることをすぐに認識して対処するべきでしたが、なぜかこれを見過ごしてゆっくり回転し続けます。少なくとも5時49分から10時4分の間はゆっくり回転が続いていたことが、ひとみと基地局の交信から判明しています。

この危険な回転を何時間も続けているうち、「リアクションホイール」の回転速度が上昇して制限値に達したと考えられます。

リアクションホイールはひとみの内蔵する、コマ、あるいは車輪のような、常に回転している装置です。このコマの回転速度を意図的に上げたり下げたりすると、衛星全体が回転し、姿勢を変えることができるのです。意図しなくても何かの拍子に、リアクションホイールの回転速度が上がったり下がったりすることがありますが、その場合、ひとみは慌てることなくこれを調整します。

しかし3月26日、ひとみの危険な回転中、リアクションホイールの調整はうまくいかず、どんどん回転速度が上がっていったことが分かっています。記録によると、10時4分の時点で、リアクションホイールの1基は角運動量（回転の勢い）が112Nms（ニュートンメートル秒）まで上がっていました。これは、制限値の120Nmsに近い値です。

第3段階：スラスタで高速異常回転

衛星の安全に関わる深刻な異常を検出すると、ひとみは不要な機器をオフにして太陽電池を太陽に向け、ゆっくりと回転しながら地上からのコマンドを待つ状態に入る設計になっています。いわば、安全な体勢をとって救助を待つわけです。この状態は「セーフホールドモード」と呼ばれ、多くの衛星の設計に組み込まれています。もちろん普段は使われません。

リアクションホイールの回転速度が制限値に達することは、そういう安全に関わる深刻な異常であり、セーフホールドモードの引金となります。おそらく10時4分の交信の後まもなく、リアクションホイール回転速度が制限値に達し、ひとみはセーフホールドモードに入ったと推定されます。

この場合は、セーフホールドモードの姿勢をとるために「スラスタ」（ロケット噴射）が使われました。そしてこのスラスタには誤った値が設定されていました。2月28日に地上からスラスタの設定を変更した時、誤った値を送信したことが分かっています。

結果としてひとみはセーフホールドモードに入ることに失敗し、想定を超える高速回転を始めました。回転が3秒間に1回よりも速くなると、遠心力により、構造的に弱い部分が損傷すると計算されています。

JAXA推定で10時37分、アメリカのJoint Space Operations Centerのレーダー観測で10時31分〜53分、ひとみから複数の破片が飛び散りました。

以上が、ひとみに生じた事態の推定メカニズムです。

JAXAひとみチームの、原因追究と復旧の努力を讃えるとともに、情報を公開する姿勢に感謝します。

ひとみの復活を目指して

ひとみの送受信などの機能は、まだ生きていることが分かっています。太陽電池も一部または全部が残っていると考えられます。本体の観測装置もあるいは観測が可能な状態かもしれません。

現在地上と交信できないのは、太陽電池に光が当たらず、電力が尽きたためと推定されます。衛星に日光が当たる向きは徐々に変わるので、数カ月経てば再び太陽電池が働く見込みがあります。

ただしバッテリーが一度空になってしまうと、地上からコマンドを送らないと、再充電しない仕様なので、太陽電池に日光が当たっている間だけひとみは意識を取り戻すことになります。太陽電池に日光が当たっている姿勢で基地局上空を通過する時が、交信のチャンスです。

交信のチャンスが訪れたら、バッテリーを再充電し、回転を止め、セーフホールドモードに移行し、各機能をチェックするなど、やるべき課題がたくさんあります。全て解決できるかどうかは分かりません。そもそも交信できるかどうかが不明です。

しかし危機に陥った衛星を救う技術には世界的な定評のあるＪＡＸＡです。これまで、通信を絶ち絶望視された衛星や探査機を、しばしば何年もの時間をかけて、復活させてきました。

希望を持ち続けてはいけないでしょうか。

追記

——2016年5月13日

2016年4月28日、JAXAはひとみの運用再開を断念したことを発表しました。

それまでは、太陽電池が半分失われても、残った半分があれば、ひとみが復旧できる可能性があるとされていました。しかし、機体の強度の解析では、回転で両方の太陽電池が壊れるという結論になりました。

また、ひとみが通信機能を維持しているという根拠となった交信は、別の衛星からの電波でした。残念ながら、ひとみが機能を回復することはありませんでした。

これまでのひとみチームの尽力に敬意を表します。おつかれさまでした。

また、短い期間でしたが、観測装置は正常に働いていたとのことなので、成果の発表を待ちたいと思います。

遺されたデータが天文学に与えるインパクト
――2016年7月15日

天文学の常識を覆していく性能を持っていた

2016年2月17日（日本時間）に打ち上げられたX線天文衛星「ひとみ」について、これまで紹介してきました。

打ち上げからわずか1カ月後の3月26日、ひとみはミスと不運の連鎖により回復不能な損傷を受け、運用は断念されました。

ひとみの機体は現在も軌道上を周回していますが、電力が復活する見込みはありません。今後何年もかけて、わずかな大気との摩擦によって徐々に高度を下げ、最終的には大気圏に突入して燃え尽きると予想されます。

しかしひとみの観測装置は、短い期間ですが、試験的な天体観測を行ない、選ばれたいくつかの天体のデータを地上に送り届けていました。そしてその最初の成果が2016年

7月7日付で『ネイチャー』誌に論文として発表されました。

この論文が示すのは、ひとみの革新的な観測装置が、見たこともないような天体データを次々に出して、天文学の常識を覆していく性能を持っていた、ということです。

ひとみのデータがX線天文学に与える（はずだった）インパクトを、ここに解説しましょう。

ひとみからすごいデータが来た！

今回発表されたのは、「SXS（Soft X-ray Spectrometer）」という装置を用いた「ペルセウス銀河団」の観測データです。

SXSは超高精度でX線光子のエネルギーを測定することができ、特に期待されていた観測装置です。

現時点では、まだ較正（こうせい）は充分ではないのですが、それでもSXSの桁違いの高性能が現れています。

X線天文学の研究者はこれを見て、

「Helium-like iron のHeα輝線（きせん）が分かれて見える！」

と圧倒的に驚くのです。

すごい数の著者も来た

この論文の著者は「Hitomi Collaboration」とされていて、215人のメンバー名が論文末尾にアルファベット順に挙げられています。

X線天文学の論文は著者名が増える傾向にあるのですが、それにしてもこれは記録的な数です。先代のX線天文衛星「すざく」の検出器論文は、143人だったので、1・5倍ということになります。『ネイチャー』誌は長すぎる著者リストを嫌うといわれていますが、異例の論文です。

問い合わせ先はメンバーのうち、英国ケンブリッジ大のアンドリュー・C・フェビアン教授になっています。（非常に話が上手で明晰な方です。）

銀河団中心部についての仮説がふり出しに

フェビアン教授はあらゆるX線天体を大変な勢いで研究しているのですが、銀河団は特に得意な天体です。

銀河団とは、たくさんの銀河が寄り集まった「もの」です。

そもそも銀河はたくさんの恒星が寄り集まったものなので、それがさらに集まった銀河団は、想像困難なほど巨大な代物です。宇宙最大の天体と呼ばれます。

銀河団は、銀河の他に高温ガスを含みます。X線で銀河団を観測すると、この高温ガスがぎらぎら光って見えます。特に銀河団の中心部分で明るく光っています。

これほど強烈なX線を発すると、高温ガスはどんどん冷えて縮んでしまうはずです。そうするとそこへ周囲からガスが流れ込むだろう、とフェビアン教授らは主張しました。これは「クーリングフロー説」と呼ばれます。

ペルセウス銀河団は私たちの銀河系から距離およそ2・4億光年、銀河団の中でも特に近くて、X線で観測しても目立ちます。その中心部には超巨大ブラックホールを有する銀河NGC1275があって、これが銀河団内へジェットエンジンのようにガスを噴射しています。

そうするとこのペルセウス銀河団の中心部では、周囲から押し寄せるクーリングフローと超巨大ブラックホールからのジェット噴射が、ぶつかったり衝撃波を生じたり熱したり、大変なことが起きているに違いありません。これは、ひとみの絶好の観測対象です。

という目論見でペルセウス銀河団を観測したところ、今回判明したのは、高温ガスのぶつかり合いなんか全然見つからないということでした。銀河団の中はいたって静かなのです。ガスの流れもほとんどありません。

そうなると、いったい何が中心部の高温ガスを高温に保っているのでしょうか。もし高温に保たれないでクーリングフローが冷えていくなら、冷えた後どこへ行くのでしょうか。クーリングフローはそもそも存在するのでしょうか。

"It's telling us there are aspects of clusters that we don't fully understand."

訳が分からないよ、というのがフェビアン教授の感想です。

遺産はまだまだ期待できる

さて、今回は（読者の興味を惹きつけようという目論見もあって）フェビアン教授だけを名指しして書いてしまいましたが、論文中でも強調されているとおり、以上の内容はひとみチーム全体の成果です。

チーム内でも特に、観測計画を策定したメンバーだけでなく、検出器開発のために働いた学生やポスドク（博士研究員）、スタッフの功績が大きいことはいうまでもありません。

これから、ひとみが遺した観測データが相次いで公開となるでしょう。その天体の数は多くありませんが、どれも常識を覆す革新的なものになると期待できます。

今回発表されたペルセウス銀河団のデータだって、ほとんど解析が済んでいません。並べて見せただけといってもいいくらいです。

今後、観測装置の性能を決定する較正が進み、得られた輝線（きせん）データを詳細に解析することで、ガスの密度分布、温度分布、組成、年齢、起源、それから今回さらに謎の深まったエネルギー源などの物理情報が引き出せるでしょう。

そういう新発見や新事実が発表されるにつれて、これまで自分の研究よりも検出器チームへの貢献を優先してきたメンバーが、今後報われていくべきではないかと期待されます。

ひとみの次の遺産が楽しみです。

第5章 科学はどこまでわかっているのか

初の日本生まれ元素「ニホニウム」

合成・発見した113番元素

２０１６年11月28日、１１３番元素の名称として「ニホニウム」、元素記号「Nh」が決定されました。

１１３番元素は、理化学研究所（理研）の森田浩介さんの研究チームが合成・発見した元素です。日本を中心とする研究グループが元素の発見者として認められたのは、史上初めてです。

国際的なルールにより、新元素の発見者には名前を提案する権利が認められます。発見者が提案した名前は、国際純正・応用化学連合（ＩＵＰＡＣ）によって、他の物質とかぶっていないか、当たり障りのない妥当な命名かどうかが審査され、公開レビューを経て決定されます。そうした過程を経て、ニホニウムが正式に決定されたのです。

なぜ「ニッポニウム」ではないのか

ＩＵＰＡＣの公式発表によりますと、理研・仁科加速器研究センターは１１３番元素に名前「ニホニウム」と元素記号「Nh」を提案しました。「ニホン」はJapanの二通りの日本語表現の一つで、「日出ずる国」を意味します。

ニホニウムとは耳慣れない名ですが、これまで存在しなかった元素の名前なのだから、耳慣れないのは当然です。やがて馴染むことでしょう。

（周期表の中には、「臭素（Br）」などというひどい元素名や、舌を嚙みそうな「フレロビウム（Fl）」だとか、「アクチニウム（Ac）の元」を意味する「プロトアクチニウム（Pa）」という投げやりな命名によるものなど、おかしな名前がいくつもあります。それに比べれば全然ましではないかと思われます。）

なお、「ニッポニウム」という命名は、次に説明するように、かつて別の元素に提案されたことがあり、そのため今回は使えなかった事情があります。一度提案された元素名は別の元素に使えないというルールがあるのです。

「ニホニウム」にはまた、２０１１年の福島の核災害（Fukushima nuclear disaster）によって被災し、科学に失望した人々に、科学への誇りと信頼を取り戻したいという希望が込められているということです。

100年前の化学者小川正孝とテクネチウム

森田浩介さんのチームは提案の中で、小川正孝（1865−1930）の仕事に触れ、43番元素に関する先駆的な仕事に敬意を表しています。

元素発見の歴史において、43番元素は際立って特殊です。

化学者小川正孝は、1908年に43番元素を発見したと報告し、「ニッポニウム」と命名しました。

しかしその報告は誤りでした。小川が新元素だと思い込んだ元素は、実際にはレニウム（Re）だったと推定されています。日本人による新元素発見は実現しませんでした。

43番元素発見の報告はいくつもなされましたが、いずれも間違いと判明しました。冶金学者や化学者がいくら鉱石を砕いて分析しても、43番元素は見つかりませんでした。周期表の43番目の欄は、長らく空欄として残されていました。

1937年、物理学者はとんでもないことをやってのけます。天然に見つからない43番元素を合成したのです。サイクロトロンという装置を使って重水素（D）を加速し、モリブデン（Mo）の標的に当て、見事43番元素の原子核を創り出しました。43番元素は「人工」を意味する「テクネチウム（Tc）」と命名されました。

合成して分かったのは、テクネチウムの原子核が不安定だということです。比較的安定な核種も半減期約400万年で崩壊していきます。

これが、自然界にテクネチウムが見つからない理由でした。もし原始地球にテクネチウムが存在しても、半減期約400万年で崩壊してしまい、人類が元素を探し求めるころにはなくなっていたのです。

こうして、人類は元素を入手するための新しい手段を開発しました。自然界に存在しない不安定な元素は合成すればいいのです。

天然の元素が全て探し尽くされた現在、新元素は合成して「発見」するのが普通です。ニホニウムも合成・発見された新元素です。

ニッポニウムは幻でしたが、43番元素は人類が新しい扉を開く鍵となりました。

並んだ新入り4元素

2016年には、ニホニウムを含めて4元素の名前が決定されました。以下に示します。
113番元素　ニホニウム（Nihonium ; Nh）

115番元素　モスコビウム（Moscovium；Mc）
117番元素　テネシン（Tennessine；Ts）
118番元素　オガネソン（Oganesson；Og）

モスコビウムとテネシンは、ドゥブナ合同原子核研究所（ロシア）、オークリッジ国立研究所（アメリカ）、ヴァンダービルト大学（アメリカ）、ローレンス・リバモア国立研究所（アメリカ）の合同チームによって発見・提案されました。

モスコビウムは、ロシアのモスクワ地方に由来します。モスコビウムとテネシンの合成実験は、ロシアの重イオン加速器で行なわれました。

テネシンは、オークリッジ国立研究所とヴァンダービルト大学の位置するテネシー地方に由来します。

オガネソンは、ドゥブナ合同原子核研究所とローレンス・リバモア国立研究所の合同チームによって発見・提案されました。超アクチノイド元素の研究を開拓した、ユーリ・オガネシアン教授にちなみます。

ニホニウムとモスコビウムの語尾の「ウム」は、元々は金属を表わすものでしたが、現

図24 118番元素まで埋まった周期表

1																	2 He
3																9 F	10 Ne
11																17 Cl	18 Ar
19																35 Br	36 Kr
37						43 Tc											54
55		57-71				75 Re											86
87		89-103										113 Nh		115 Mc		117 Ts	118 Og

57														71
89														103

在では広く元素につけられています。

テネシンの語尾は「シン」ですが、これはテネシンが周期表の右から2列目に並ぶ「ハロゲン族」の末裔だからです。ハロゲン族の元素は「フロリン（フッ素、F）」「クロリン（塩素、Cl）」「ブロミン（臭素、Br）」という具合に、「イン」を最後につける慣習があります。

オガネソンの語尾は「オン」で、これは周期表の一番右の列「不活性ガス」あるいは「希ガス」の元素につけるものです。この仲間には「ネオン（Ne）」「アルゴン（Ar）」「クリプトン（Kr）」や「ヘリウム（He）」などの名前がついてます。

ただし「ヘリウム（He）」は金属の語尾「ウム」がついちゃっていますが、これはガスだと知らずに命名されたからです。訂正しようにも、もう手遅れです。

どこまで延びる？ 周期表

118番元素まで発見されたことにより、周期表の第7周期までが全てきれいに埋まりました。

しかし、周期表はこれで終わりではありません。119番以降の元素の発見競争はもう始まっています。もし1種でも見つかれば、周期表は第8周期まで延びます。教科書に載せるにも、さらにスペースが必要になるでしょう。

原子番号が大きくなるほど原子核は不安定になる傾向があります。ということは、合成実験はこれからますます難しくなると予想されます。より大型の加速器を用いる大規模な実験が必要となるでしょう。元素発見競争はそもそも出走資格が得がたくなります。

そういう難易度の高い競争に、今回日本は初めて「勝ち」、新元素を発見することができました。

ニホニウムを、日本の名前がつく最後の元素にすることもないでしょう。世間の関心が高まっている今が予算投入のチャンスです。

元素合成実験を行なって、周期表の第8周期を、日本各地の地名で埋めていくのはどうでしょうか。

物理学業界が沸き立った「熱機関の限界」

大統領選の10^{96}倍重要な大発見

２０１６年10月31日、慶應義塾大学において、理論物理学の重要な成果が記者発表されました。[*1]

ですが、「一般の熱エンジンの効率とスピードに関する原理的限界の発見」という、この難解な題は果たして日本語なのでしょうか。さっぱり意味が分からないという反応が普通でしょう。よほど注意深く報道記事を追う人か、はじめからこの分野が大好きでたまらないマニアでもないと、どこが重要なのか認識できないでしょう。

けれどもこれは、熱力学・統計力学という古典的で正統的な理論物理学の分野でなされた、大変美しい鮮やかな成果なのです。物理学業界大興奮です。

アメリカの45代目大統領なんか1万年経てば誰も覚えていませんが、熱力学の法則は10^{100}年後も有効です。そういう意味では、たかが大統領選より10^{96}倍も重要です。

今回は、敢えてこの難解で純粋な科学のトピックスに真正面から取り組みましょう。この理論物理学の成果の、どのあたりが美しくて、マニアはどこに興奮するのでしょうか。正攻法で解説しましょう。

（どれくらいの読者がついてきてくれるでしょうか。ドキドキしながら書いてます。）

蒸気機関が生んだ学問「熱力学」

ヨーロッパで発明された蒸気機関は、革新的テクノロジーでした。

蒸気機関は石炭を燃やす熱でピストンを動かしタービンを回し、汽車を走らせ汽船を推進し自動紡績機を回し、産業を革命し環境を改変し諸国を植民地化し、すっかり世界を作り変えてしまいました。

19世紀になると、蒸気機関の理論的研究が進みました。（それまで技術者は勘と経験に頼って蒸気機関を設計していました。）

そうして出来上がった学問分野が熱力学です。熱力学は、蒸気機関やその他のエンジンや発電器などを、熱を利用する「熱機関」とみなし、その本質的性質を明らかにします。

しかしそれで明らかになったのは、熱機関の効率には限界があって、効率１００パーセントの蒸気機関はできないという、がっかりするような結論でした。

熱力学は、永久機関は不可能だとか、エントロピーは常に増大するとか、やがて宇宙は熱的死を迎えるとか、陰鬱な予言ばかりしました。熱力学研究者というのは気の滅入る連中です。

ともあれ、熱力学と、原子・分子の理論を取り込んで拡張した統計力学という学問分野は、蒸気機関を含むあらゆる機械、あらゆる物質、生物現象から天体現象にまで幅広く適用でき、その温度や熱やエネルギーの振る舞いを予測する、大変強力な道具であり、物理学の大きな柱なのです。

21世紀にもなって新たな基礎法則が見つかるとは!

2016年10月31日、慶應義塾大学の記者発表がありました。

慶應義塾大学の齊藤圭司准教授と、東京大学の大学院生（当時、現在は慶應義塾大学）白石直人さん、学習院大学の田崎晴明教授の研究グループが、熱力学・統計力学の新たな法則を発見したというのです。

見つかったのは、熱機関のパワー、つまり時間あたりに出せるエネルギーには限界があって、効率を高くするとパワーが下がってしまうという法則です。パワーと効率を同時に上げることは不可能だというわけで、またこれも新たな不可能則です。

（熱力学の法則は、何かが不可能だとか、限界があるとか、ネガティブなものばかりです。あきらめなければ永久機関はできるとか、宇宙が死んでもこの愛は死なないというような、元気をもらえるような熱力学法則はないものでしょうか。）

それにしても、熱力学は、ニコラ・レオナール・サディ・カルノー（1796－1832）やルドルフ・ユリウス・エマヌエル・クラウジウス（1822－1888）といった偉大な物理学者が19世紀に確立した学問分野で、その基礎法則はとっくに出揃ったというのが、大学で学ぶ時の印象です。

つまりある程度枯れた学問（失礼）だと思い込んでいたのですが、21世紀にもなって新しい基礎的な法則が登場するとはびっくりです。だから物理学業界は興奮したのです。

蒸気機関も原子炉も地球も、ある種の熱機関

熱力学の研究対象は熱機関という装置です。これは、熱を取り入れ、そのエネルギーの一部で「仕事」をし、余った廃熱を捨てる機関です。

図25 熱機関のイメージ

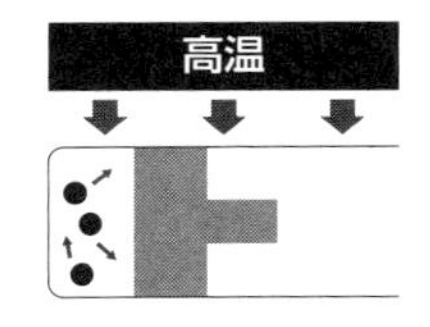

1.高温の熱源から熱を受け取る。

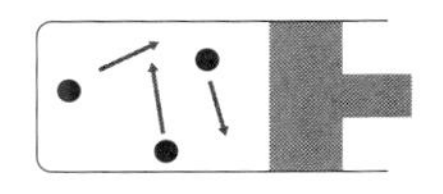

2.内部の気体が膨張してピストンを押す。

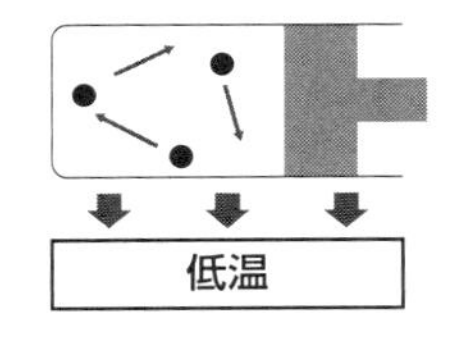

3.低温の熱源が熱を吸収する。

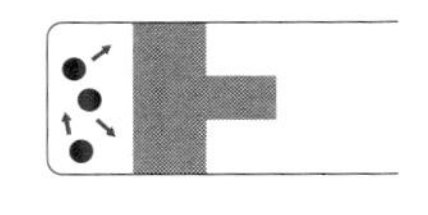

4.内部の気体が収縮する。
最初に戻る。

蒸気機関も、原子炉も、地球そのものも、ある種の熱機関と見做(みな)すことができます。そのため、熱力学は、蒸気機関にも原子炉にも地球そのものにも適用することができるのです。

熱機関のする「仕事」とは、これも物理学用語で、何らかの物体に力を加えて動かすことを意味します。なんのこっちゃと思われるでしょうが、汽車は車体をレール上で動かす仕事をし、汽船はスクリューか動輪を回す仕事をし、原子炉はタービンを回す仕事をし、地球は風を吹かせたり海流を流したりといった仕事をします。

このように、物理学では、仕事とは物

体を押したり引いたりして動かすことをいうのです。(座ってパソコンのキーを叩いても、物理学上は仕事をしていないも同然です。)

取り入れた熱エネルギーのうち、仕事に使われた割合を「効率」といいます。効率が0ならば全く仕事をしなかったことになります。もらった熱エネルギーを無駄なく使うほど、効率は高くなります。もし効率が100パーセントなら、熱エネルギーを全て仕事に変える、夢の熱機関です。

そして、熱力学でまず習うのは、熱機関の効率には限界があるということです。効率100パーセントの夢の熱機関は実現不能です。この限界値をカルノー効率といいます。カルノー効率は、高熱源の温度と、廃熱を捨てる先の温度で決まり、熱機関の仕組みや大きさや燃料の種類にはよりません。ここが熱力学の理論の美しいところです。

つまり、蒸気機関も原子炉も地球そのものも、その効率の理論的限界はカルノー効率となるのです。現実の装置は、カルノー効率よりも低い効率でしか稼働しません。

熱機関のパワーには限界がある

そうすると、熱機関をデザインするにあたっては、なるべくカルノー効率に近い、高い効率を達成するのが一つの目標になります。どんな原理の熱機関を用いれば、カルノー効率が達成できるでしょうか。

これまで提案されてきた熱機関のモデルは、どうしてもずばりカルノー効率を達成できませんでした。熱力学・統計力学の研究者は、分子1個からなる熱機関や、磁場を使うものなど、さまざまなアイデアをひねくり出してきたのですが、有限時間で動く熱機関はカルノー効率に届かないのです。

無限にゆっくり動作する熱機関ならカルノー効率を達成できるのですが、それだとパワーが0になってしまって、時間あたりに出せるエネルギーも0、時間あたりの仕事も0です。

そして今回の発表で明らかになったのは、パワーが0でない熱機関は結局カルノー効率に届かないということでした。研究者の長年の挑戦は、不可能だったのです。

パワーと効率の関係を図26に示します。

どのような原理の熱機関を作っても、効率はカルノー効率を超えられません。これは熱力学の原理です。したがって、効率は0からカルノー効率までの間の値となります。

そして、熱機関のパワーもグラフで示された限界以下の値しか取れません。この限界は、

図26 熱機関のパワーと効率の関係

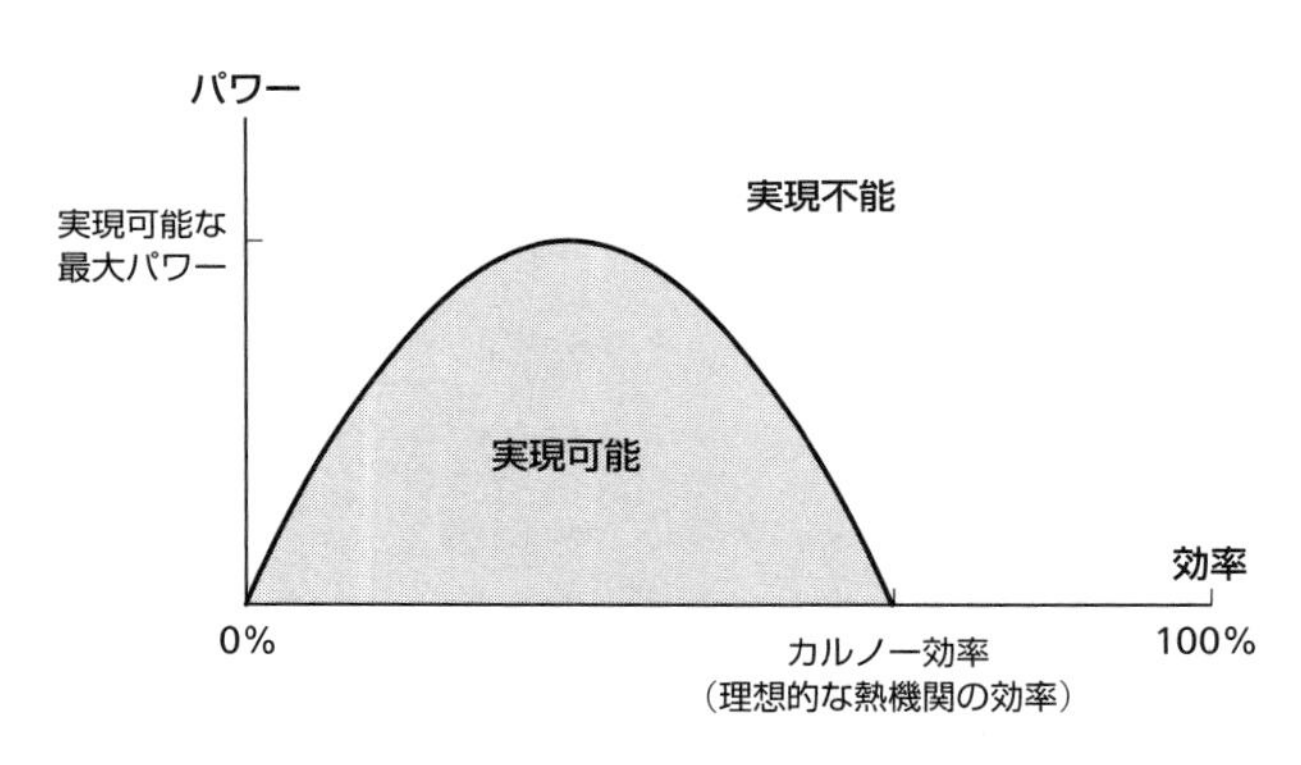

効率がカルノー効率に近くても、0に近くても、低くなります。

理論上の仮想の熱機関も、実際の熱機関も、効率は0とカルノー効率の間、パワーはこのカーブよりも下の値を取ります。

理論物理学の価値は実用性と無関係

今回の結果は、一般性の高い熱機関のモデルを用いて、純粋に理論的に導かれました。用いられた熱機関のモデルは高度に抽象的で、そのため、蒸気機関にも原子炉にも何にでも適用可能です。得られた結果は大変美しく、シンプルです。

熱力学の他の基礎法則には、パワーという、時間に関係する物理量は関係していません。他の基礎法則は、時間と無関係に成立するのです。

ところが、今回の結果は、熱機関のパワーに制限をつけるものです。これは何を意味するのでしょうか。熱力学・統計力学の法則は、時間を含むのでしょうか。熱力学・統計力学の見地から、熱機関の活動時間や宇宙の寿命について何か言えるのでしょうか。想像が膨らみます。

こうしたことも含めて、この法則の意味するところは、今後明らかになるでしょう。議論の展開が楽しみです。

しかし、この結果が実際のエンジンや機械の設計に役立つかというと、（当面は）ほとんど役立たないでしょう。現実の装置は、「可逆」という条件を満たさず、この理論が適用されるような効率限界やパワー限界に全然届いていないからです。

たとえ役立たなくても、この成果はやはり素晴らしいものです。理論物理学の価値は、実用性とは無関係です。蒸気機関を考察し、そこから宇宙の死を結論する熱力学は、10^{100}年後も色褪せることはないでしょう。

＊1―Naoto Shiraishi, Keiji Saito, Hal Tasaki, 2016, Physical Review Letters, vol. 117, 190601

未解決問題「ABC予想」が証明されたようだ

数学者も解読に苦しむ600ページもの証明

近ごろ、数学の業界は、重要未解決問題である「ABC予想」が証明されたようだ、という話題で盛り上がっています。証明を発表したのは京都大学数理解析研究所の望月新一教授（1969－）で、その証明論文は全部で600ページを超える膨大な代物です。これをプリントアウトした人、世界に何人いるんでしょうか。

「近ごろ」といっても、その論文は2012年にウェブ上に発表されたものです。何年も経てば、普通は、ホットな話題も温度が下がってくるものですが、そうはならずにかえって沸騰している理由は、その証明がどうやら正しいようだと認められ、学術誌に掲載されることになったためです。この膨大な論文はあまりに難解で、数学業界が理解するのに何年もかかったというのです。

けれどもこの件についての世間の報道は、望月教授の生い立ちや人柄に多くのバイト数を費やして、ABC予想そのものについては、難解すぎるためか、触らぬ数学にたたりなしという態度をとるメディアが多いようです。

確かに、数学者も解読に難儀する600ページの証明をここで分かりやすく説明するのは、まあはっきりいって無理なんですが、男には負けると分かっていても戦わなければならない時があるとキャプテンハーロックも言ってます。どんな予想で、何がすごいのか、解説を試みましょう。

ABC予想とはどんなものか

「ABC予想」、別名「オスターリ・マッサー予想」とは、フランスのパリ第4大学のジョゼフ・オスターリ博士（1954-）とスイスのバーゼル大学のデイヴィッド・マッサー教授（1948-）が1980年代に発表した予想です。

数学業界における「予想」とは、「まだ誰も証明できないけど、△△という定理が成り立つような気がするなあ」という主張です。

誰かがこういう予想をすると、これを証明したくなったり、あるいはこれが間違っていることを証明したくなったりするのが数学者という人種です。なんでそんなことをしたくなるのか理解できない方が人類の多数派と思われますが、数学者のそういうモチベーションによって、世の中は進歩してきました。

これまで無数の予想が提唱され、証明されたり、反証されたり、あるいはまだ解かれずに残ったりしています。有名なものに「ポアンカレ予想（解決済）」「フェルマーの最終定理（解決済）」「P≠NP問題（未解決）」などがあります。いつか、紹介する機会があるかもしれません。

さてABC予想です。これはどのような予想なのでしょうか。いくつか表現方法がありますが、そのうちの一つは次のようなものです。

正の整数AとBの和をCとします。つまり、

$A+B=C$

です。正の整数は、素数のべきの積に「素因数分解」することができます。例えば15ならば、

$15=3\times5$

4ならば、

$4=2^2$

という具合です。

AとBは、このような素因数分解を施した時、共通の素因数を持たないように選んでおきます。例えば、

$A=4、B=15$

という組み合わせです。このような、共通の素因数を持たないAとBは「互いに素」だといいますが、別に覚えなくてもここでは差し支えありません。一方、例えば、

$A=4、B=6$

という組み合わせは、共通の素因数2を持つので、今回の考察の対象外です。

次に、そうやって選んだAとBと、その和Cを、掛け合わせ、素因数分解します。

$A\times B\times C=4\times 15\times 19=2^2\times 3\times 5\times 19$

さらに、素因数分解の結果から、異なる素因数だけを拾って掛け合わせて、新たな数Dを作ります。つまりべき乗は1乗に変えます。

$2^2\times 3\times 5\times 19\rightarrow 2\times 3\times 5\times 19=570=D$

DはA×B×Cの「根基（こんき）」と呼ばれますが、やはり覚えなくても差し支えありません。

この時、「たいていの場合、DはCよりも大きくなるだろう」というのがABC予想です。

「たいていの場合」というのをもっと厳密に表現すると、

「ある正の実数εについて、$C>D^{1+\varepsilon}$を満たすCは有限個しか存在しないだろう」

となります。

これで一応、あまり難しい数学用語は使わずに、ABC予想を説明してみました。

ABC予想は、言い換えると、

「互いに素な整数AとBを足して $A+B=C$ を作ると、Cには、AにもBにも含まれない新しい素因数がいくつも含まれるだろう」という予想です。そういう場合はたいてい、$C>D$が成り立ちます。

証明できればあれもこれも解決する

ABC予想は実用的な役には立ちませんが、「整数論」という数学分野で重要な役割を果たします。この予想が成り立つと、いくつもの定理が証明できます。

例えば、「フェルマーの最終定理」はその一つです。

フェルマーの最終定理とは、

「$x^n + y^n = z^n$ を満たす正の整数 x、y、z は、n が2よりも大きい整数ならば存在しない」

というものです。

数学者ピエール・ド・フェルマー（1607－1665）は、数学書の余白に落書きして、「私はこの定理のめっちゃびっくりするような証明を見つけたけど、この余白は狭いから書けないや」などと述べました。

しかしフェルマーが証明したと称するこの定理は、他の誰にも証明できないまま300年以上経ち、これは世界で最も有名な未解決問題となりました。

フェルマーの最終定理は、1995年、英国オックスフォード大のアンドリュー・ワイルズ教授（1953－）によって証明されました。その証明論文は100ページを超えます。

この大変な最終定理は、ABC予想が証明されれば、それを使ってちょちょいのちょいで証明できます。フェルマーも余白に書き込めたかもしれません。

他にも、ABC予想が証明されれば、その余波で解決される問題がいくつもあります。

ＡＢＣ予想はかくも強力で、数学界の期待のかかった問題だったのです。

望月新一教授の証明論文あらわる

２０１２年、京都大学数理解析研究所の望月新一教授が、個人ホームページに「宇宙際タイヒミュラー理論」と題する４篇の論文をアップロードしました。合計で５００ページ（後に補足を含めて６００ページ）になる大論文です。[*1]

この論文は世界的に注目を浴びました。なにしろ、

・実績とユニークな言動で業界に知られる望月教授の論文である。（今度は何を始めたんだ。）
・ＡＢＣ予想の証明論文である。（本当だったら快挙。）
・膨大で難解で、同業者にも理解が困難である。（何かすごいことが書いてあるのだろうか。）

というわけです。まだ査読を受けて学術誌に掲載されたわけではないのに、早速（２０

12年)、『ネイチャー』にも取り上げられました。

論文がたどった異例ずくめの経過

望月教授のABC予想証明論文は、数理解析研究所の発行する学術誌『Publications of the Research Institute for Mathematical Sciences(PRIMS)』(編集長は望月教授)への投稿論文ということになります。

通常、論文を受け取った学術雑誌の編集部は、(査読のある学術誌なら)査読者(レフェリー)に読んでもらいます。編集部がその論文の研究分野の研究者から査読者を選び、匿名で査読を行ないます。

査読の結果、その論文に誤りがなく、掲載する価値があると認められたならば、受理(アクセプト)され、掲載される運びとなります。普通の雑誌記事とは逆に、著者が学術誌に対して掲載料を支払います。

あいにく掲載が認められなかった(リジェクトされた)場合、著者には、編集部に再考をうながす、別の雑誌に投稿しなおす、発表をあきらめる、などの手が残されていますが、いずれにしても精神的に消耗させられます。査読者は自分に悪意を持っているあいつだろうか、などと妄想しちゃいますね。

査読は数週間程度、長いと数カ月かかるものですが、望月論文の場合は5年以上という異例の長期間に及びました。

証明論文で用いられている「宇宙際タイヒミュラー理論」は、望月教授が20年以上取り組んで、ほぼ独力で構築してきた理論です。論文には多くの新しい用語や定義がちりばめられ、専門家にとっても理解するのに相当な努力が必要です。

5年の間には、この論文を勉強するための国際会議も開かれました。普段、日本国外で講演しない望月教授もTV会議システムで参加しました。ただしほとんどの聴衆は望月教授の説明を理解できなかったようです。

まだ正式に掲載されていない論文の勉強会が行なわれるとは、これも異例です。そうでもしないと理解が進まず、査読もできなかったのです。

そして関係者のそうした努力の結果、論文に誤りがないようだと結論され、ついに受理が決まりました。（ただし２０１９年現在、掲載はまだ決まっていません。）

専門家も読解に苦労するこの６００ページの望月論文、筆者もページをめくってみたものの、残念ながらというか当たり前というか、やはり理解できませんでした。（LaTeX（ラテフ）＊2でこんな数式が表示できるのか、と感心したので、ソースを見たくなりました。）

ＡＢＣ予想は整数について述べていますが、望月論文では、これを楕円曲線についての定理に置き換えます。さらにフロベニオイドという新たな数学概念を作り上げ、これを用いて楕円曲線を扱い、証明を行なっているようです。

無責任なようで申し訳ありませんが、証明方法についてこれ以上詳しく知りたい方は、原論文を御参照ください。

それにしても、ＡＢＣ予想は一見単純なのに、それを証明するとなると、新しい数学概念と６００ページが必要だとは、数学の世界とそれを探求する人類の営みは、実に深遠です。

＊1―http://www.kurims.kyoto-u.ac.jp/~motizuki/Inter-universal%20Teichmuller%20Theory%20I.pdf
http://www.kurims.kyoto-u.ac.jp/~motizuki/Inter-universal%20Teichmuller%20Theory%20II.pdf
http://www.kurims.kyoto-u.ac.jp/~motizuki/Inter-universal%20Teichmuller%20Theory%20III.pdf
http://www.kurims.kyoto-u.ac.jp/~motizuki/Inter-universal%20Teichmuller%20Theory%20IV.pdf

＊2―数式入力などに定評がある組版処理システム。物理系や数学系の論文は、だいたいこれを使って書かれる。

21世紀は分子生物学の時代だ！

この数千年間で日本人はどう進化したのか

19世紀は化学が飛躍的に進歩した時代で、化学の世紀と呼ばれました。

20世紀は物理の世紀でした。相対性理論は宇宙の見方を変え、量子力学の生み出したエレクトロニクスや原子力などのテクノロジーが人々の生活や戦争の形態を変えました。では21世紀は何の時代になるのでしょうか。その18パーセントが経過した現時点で展望すると、これは確実に、分子生物学の圧倒的な発展の世紀となるでしょう。

2003年にヒトの全遺伝情報（ゲノム配列）が読み取られました。これを皮切りに、ゲノム読み取り技術はさらに進歩を遂げ、現在では、ヒト1個体分のゲノム配列なら、ほんの数時間で解読できるところまできています。（もっとも、解読した断片の配列をつなげていく時間は別に必要ですが。）

この技術は、生物学、医学、犯罪捜査、人類学などなどに計り知れないインパクトを与えつつあります。20世紀の手法に比べ、ゲノム解析からもたらされる情報は革新的です。

これらの分野の教科書は、ゲノム解析技術によって書き換えられている最中です。学校で習った常識はどんどん時代遅れになりつつあります。
２０１８年４月24日、理化学研究所などのグループが、「全ゲノムシークエンス解析で日本人の適応進化を解明」という発表を行ない、話題となりました。これは日本人２２３４人のゲノム配列データを解析し、この数千年間に進行した進化の痕跡を探した研究結果です。[*1]
この研究結果を紹介するとともに、分子生物学の新しい常識を解説しましょう。

ヒトのゲノムの情報量は1ギガバイト

遺伝情報、つまり生物の体の設計図は、「ＤＮＡ」という長い長い鎖状の分子に記録されています。どれほど長いかというと、例えばヒトの細胞１個の中に収納されているＤＮＡをほぐして全部１列に並べると、約２メートルにもなります。

このうち半分の１メートル分は父親から、もう１メートル分は母親から受け継いだものです。この１メートル分の遺伝情報を「ゲノム」と呼びます。生物のゲノムの１セットには、その生物の体の設計図が一通りそろっています。

DNAは「アデニン(A)」「グアニン(G)」「シトシン(C)」「チミン(T)」という4種の「塩基」という部品が連なってできています。(長い長い焼き鳥を思い浮かべてください。)遺伝情報はA、G、C、Tという4文字で書かれた文書といえます。ACGTCC……という具合に続く文書です。(焼き鳥なら砂肝、ネギ、モモ、シイタケ、ネギ、ネギ……という感じでしょうか。)

ゲノムという文書は、「遺伝子」という文の集合です。ヒトのゲノムは2万~2万5000の遺伝子からなります。遺伝子の1文は、「タンパク質分子」の1種類を表わすと考えても、まあ大体合ってます。詳細は省きますが、生物の細胞はあるタンパク質分子が必要になると、ゲノム中でそのタンパク質分子の作り方が記述されている1文を参照して、その文にしたがってタンパク質分子を製造します。ヒトの体内では2万~2万5000種のタンパク質分子が製造され、働いています。

またゲノム中には、過去のコピーミスのために使えなくなってしまった遺伝子や、同じ文字列が繰り返し書いてある部分や、過去にウイルスが勝手に挿入した部分や、タンパク質分子ではなく「RNA」の設計図や、結局何の役に立つのか分からない意味不明の文字列や、とてもここに全部は紹介できない誠にさまざまな落書きがひしめいています。

それら全部を引っくるめて、ヒトのゲノムは約30億字ほどです。30億「塩基対」という言い方をします。情報量にして1ギガバイト弱です。

ゲノム配列コレクションは猛烈な勢いで拡大中

ゲノム配列を読み取る技術を手に入れたら、これでどんどんゲノムを読み取りたくなるのが人間というものです。アリが好きな研究者はアリを捕まえてはすりつぶして読み取り装置にかけ、山芋が好きな研究者は山芋をすっては読み取り装置にかけ、化石人骨が好きな研究者はネアンデルタール人の骨や歯を削っては読み取り装置にかけ、食中毒菌が好きな保健所の人は患者の排泄物を読み取り装置にかけ、犯罪者が好きなお巡りさんは犯行現場に残された痕跡を読み取り装置にかけ、そういう調子で世界中であらゆる生物のゲノム配列データがすごい勢いで成長中です（が、最後の犯罪者・容疑者のＤＮＡデータは研究用には公開されていません）。

生物種の中でも、特にヒトのゲノム配列は、大変熱心にコレクションされています。日本列島人のデータだけでも20万人分以上あります。さらに、英国では50万人規模、米国では１００万人規模のデータベースの作成が進んでいます。

現在進行中の進化が観測・測定できるようになった

ゲノムは、生物個体ごとに微妙に違います。例えば、ある箇所にAという文字（塩基）が書かれているゲノムを持つ個体と、そこにCと書かれているゲノムを持つ個体が集団内にいたりします。

このように、ある1塩基が異なるゲノムが集団内に混じっている現象を、「一塩基多型(Single Nucleotide Polymorphism)」といいます。「SNP」と書いて「スニップ」とカッコよく読みます。

SNPは、製造されるタンパク質分子に違いをもたらし、個体の「形質」を変える場合があります。一方、形質に影響しない、サイレントなSNPもあります。

形質を変えて、生存率や繁殖率を上げるような有利なSNPは、子孫に伝わる確率が高く、集団内に広まる傾向があります。一方、不利なSNPは、集団に占める割合が徐々に少なくなる傾向があります。これは「適応進化」です。

みなさんの中には、学校で、「進化は長期間かかるもので、進化の進行を観測することはできない」と教わった方がいるかもしれません。筆者もそう教育されました。

しかし現在では、生物集団のゲノム配列を解析することで、どのSNPが集団内にどんな速さで広まりつつあるのか、どのSNPがどれほどの速さで割合を少なくしつつあるのか、判定できるのです。つまり、進化を観測し、測定できるのです。

あるSNPの進化を測定するには、そのSNPが集団に占める割合を単純に測定するだけでは駄目で、ゲノム上の他の箇所のSNPとの相関を調べるなどの高度な解析テクニックが必要です。

そういう解析テクニックの一つは、2016年に提案された「シングルトン・デンシティ・スコア」というものです。今後、こうした高度な解析テクニックは増えていくでしょう。

東アジア人は酒に弱い個体ほど生存率が高い

2018年4月24日、理化学研究所などのグループは、「全ゲノムシークエンス解析で日本人の適応進化を解明」したと発表しました。この研究は、日本列島人集団を研究対象にした点、シングルトン・デンシティ・スコアなどの新しい解析テクニックを用いた点、それによって約100世代（2000年〜3000年）という人類の歴史の中では比較的最近のSNPの変化を検出した点などに新味があります。

進化が検出された遺伝子領域は、「ＡＤＨ１Ｂ遺伝子」「ＭＨＣ領域」「ＡＬＤＨ２遺伝子」「ＳＥＲＨＬ２遺伝子」の4カ所です。

ＡＤＨ１Ｂ遺伝子は、アルコールを代謝するタンパク質分子「アルコール脱水素酵素」を作る遺伝子です。効率のよいＡＤＨ１Ｂ遺伝子を持つ個体は酒に強いといえます。

アルコールは代謝されると「アセトアルデヒド」という物質に変わります。アセトアルデヒドは毒で、頭痛や吐気といった症状を引き起こします。つまりこれが二日酔いの原因です。このアセトアルデヒドをさらに代謝する「アセトアルデヒド脱水素酵素」を作るのがＡＬＤＨ２遺伝子です。効率のよいＡＬＤＨ２遺伝子を持つ個体は、二日酔いになりにくく、やはり酒に強いといえます。

ＭＨＣ領域は、「ヒト白血球抗原」を決める遺伝子領域で、ある種の病気への耐性を左右します。病気への耐性が高いＳＮＰが、適応進化の結果として広まっていくことは、納得できます。

ＳＥＲＨＬ２遺伝子は、「セリン加水分解酵素」のようなタンパク質分子を作りますが、その役割はまだよく分かっていません。

一見不可解なのは、アセトアルデヒド脱水素酵素とアルコール脱水素酵素の適応進化です。この研究結果は、活性が低く効率が悪い脱水素酵素ほど、過去100世代で日本列島人集団内に広まってきたことを示しています。乱暴に表現すると、酒に弱い個体ほど、生存率や繁殖率が高いのです。さまざまなヒト集団について調べた他の研究でも、北京集団や台湾集団などの東アジア人に同じ傾向が出ています。

アルコール依存症患者の集団を調べたところ、効率のよいADH1B遺伝子やALDH2遺伝子を持つ確率が高いという調査結果があるので、酒に強い人はアルコール依存症患者になりやすい傾向があるのではないか、と考えられています。また、飲酒傾向が食道ガンのリスクを高めるためかもしれません。

ちなみに筆者の個人情報を暴露すると、ADH1BもALDH2も、高活性型をホモで持っています。さらに、麦芽の香り（イソブチルアルデヒド）の受容体遺伝子NDUFA10の高感度型をホモで持っているので、生まれつきのビール好きといってもいいでしょう。（アルコール依存の危険性には気をつけないといけません。）

化石のゲノム配列まで読み取り可能

また、有意な新発見は今回ありませんでしたが、この日本列島人集団のゲノム配列はネアンデルタール人のゲノム配列と比較されました。

ネアンデルタール人（ホモ・ネアンデルターレンシス）は、私たちと同じヒト属（ホモ）の生物種です。ヒト属の生物種は、現在では私たちヒト属ヒト（ホモ・サピエンス）しか存在しませんが、過去にはホモ・ネアンデルターレンシス、ホモ・エレクトスなど、複数いたのです。

ネアンデルタール人のゲノム配列データなどというものがどこから来たかというと、化石からです。驚いたことに、現在では、条件がよければ化石からもゲノム配列を読み取れるのです。

21世紀の産業革命真っただ中

このように急速に理解が進んできた分子生物学ですが、まだ分かっていないことがたくさんあります。ヒトも他の生物種も、遺伝子のほとんどが未解明だということは、どこかでお聞きになったかもしれません。残念なことに、今でもその状況は変わっていません。

人類は膨大なゲノム配列データを手に入れつつあるわけですが、その暗号文がどんなタンパク質分子を記述しているのかは、まだほとんど判明していません。2万種〜2万50

００種のタンパク質は、それぞれどんな機能を持ち、どんな場面で役立つのでしょうか。それが分からないうちは、読めない言語で書かれた文書をコレクションしているようなものです。

しかし21世紀中に、この状況は劇的に改善されると予想されます。この分野の研究がきわめて大きな成果をもたらすことは確実です。莫大な努力がそのために注ぎ込まれています。

ヒトや他の生物種の遺伝子の機能が解明されれば、難病の治療法や老化の予防法が見つかるかもしれません。医療の夢は広がります。

生物の作るタンパク質分子や酵素は、工業や農業に利用できます。未解明の遺伝子の中には、新素材や新薬を作るものがあるかもしれません。廃棄物や有害物質を分解するものが発見を待っているかもしれません。

この産業革命はまさしく進行中です。物理の世紀は終わりました。

大急ぎで子供に分子生物学を習わせましょう。

＊1―Yukinori Okada, Yukihide Momozawa, Saori Sakaue, 2018, Nature Communications, vol. 9, 1631

本書は、日本ビジネスプレス(http://jbpress.ismedia.jp)に
２０１６年2月20日～２０１８年9月25日に
連載された記事を抜粋し、大幅に書き改め、
その後の情報を取り入れて書籍化したものです。
内容がより良くより科学的に正確になるようアドバイスしてくださった、
日本ビジネスプレス編集部の西原潔さん、堀川晃菜さん、
幻冬舎の前田香織さんに感謝します。

著者略歴

小谷太郎
こたにたろう

博士(理学)。専門は宇宙物理学と観測装置開発。
一九六七年、東京都生まれ。東京大学理学部物理学科卒業。
理化学研究所、NASAゴダード宇宙飛行センター、
東京工業大学、早稲田大学などの研究員を経て国際基督教大学ほかで
教鞭を執るかたわら、科学のおもしろさを一般に広く伝える著作活動を展開している。
『言ってはいけない宇宙論』『理系あるある』
『図解 見れば見るほど面白い「くらべる」雑学』、訳書『ゾンビ 対 数学』など著書多数。

幻冬舎新書 537

宇宙はどこまでわかっているのか

二〇一九年一月三十日　第一刷発行

著者　小谷太郎
発行人　見城　徹
編集人　志儀保博
発行所　株式会社　幻冬舎
〒一五一-〇〇五一　東京都渋谷区千駄ヶ谷四-九-七
電話　〇三-五四一一-六二一一(編集)
〇三-五四一一-六二二二(営業)
振替　〇〇一二〇-八-七六七六四三
ブックデザイン　鈴木成一デザイン室
印刷・製本所　株式会社　光邦

Printed in Japan　ISBN978-4-344-98538-4 C0295
こ-21-3

幻冬舎ホームページアドレス http://www.gentosha.co.jp/
*この本に関するご意見・ご感想をメールでお寄せいただく場合は、comment@gentosha.co.jp まで。

幻冬舎新書

小谷太郎
理系あるある

「ナンバープレートの4桁が素数だと嬉しい」「花火を見れば炎色反応について語りだす」……。理系の人特有の行動や習性を蒐集し、その背後の科学的論理を解説。理系の人への親しみが増す一冊。

小谷太郎
言ってはいけない宇宙論
物理学7大タブー

ダーク・マターとダーク・エネルギーの発見は、人類が宇宙を5％しか理解していないと示したが、こうした謎の存在を生むアインシュタインの重力方程式は正しいか？　元NASA研究員が7大論争を楽しく解説。

村山斉
宇宙は何でできているのか
素粒子物理学で解く宇宙の謎

物質を作る究極の粒子である素粒子。物質の根源を探る素粒子研究はそのまま宇宙誕生の謎解きに通じる。「すべての星と原子を足しても宇宙全体のほんの４％」など、やさしく楽しく語る素粒子宇宙論入門。

大栗博司
重力とは何か
アインシュタインから超弦理論へ、宇宙の謎に迫る

私たちを地球につなぎ止めている重力は、宇宙を支配する力でもある。「弱い」「消せる」など不思議な性質があり、まだその働きが解明されていない重力。最新の重力研究から宇宙の根本原理に迫る。